모아 전기산업기사
전기기기

필기 이론+과년도 7개년

모아합격전략연구소

전기산업기사 자격시험 알아보기

01 전기산업기사는 어떤 업무를 담당하는가?

A. 전기는 관련설비의 시공과 작동에 있어서 전문성이 요구되는 분야로 전기기계기구의 설계, 제작, 관리 등과 전기설비를 구성하는 모든 기자재의 규격, 크기, 용량 등을 산정하기 위한 계산 및 자료의 활용을 하며 전기설비의 설계, 도면 및 시방서 작성, 점검 및 유지, 시험작동, 운용관리 등에 전문적인 역할과 전기안전 관리 담당자로서의 업무를 수행합니다.

02 전기산업기사 자격시험은 어떻게 시행되는가?

시행기관
한국산업인력공단

시험과목(필기)
전기자기학
전력공학
전기기기
회로이론
전기설비기술기준

시행과목(실기)
전기설비설계 및 관리

검정방법(필기)
객관식 과목당 20문항
(과목당 30분)

검정방법(실기)
필답형 2시간

합격기준
필기 : 100점 만점에 과목당 40점 이상
전과목 평균 60점 이상
실기 : 100점 만점에 60점 이상

03 전기산업기사 자격시험은 언제 시행되는가?

구분	필기원서접수	필기시험	필기 합격자 발표 (예정자)	실기 원서접수	실기 시험	최종 합격자 발표일
2024년 제1회	01.23 ~ 01.26	02.15 ~ 03.07	03.13(수)	03.26 ~ 03.29	04.27 ~ 05.12	1차 : 05.29(수) 2차 : 06.18(화)
2024년 제2회	04.16 ~ 04.19	05.09 ~ 05.28	06.05(수)	06.25 ~ 06.28	07.28 ~ 08.14	1차 : 08.28(수) 2차 : 09.10(화)
2024년 제3회	06.18 ~ 06.21	07.05 ~ 07.27	08.07(수)	09.10 ~ 09.13	10.19 ~ 11.08	1차 : 11.20(수) 2차 : 12.11(수)

04 전기산업기사 최근 합격률은 어떠한가?

연도	필기			실기		
	응시	합격	합격률	응시	합격	합격률
2023	29,955명	5,607명	18.72%	11,159명	5,641명	50.55%
2022	31,121명	6,692명	21.50%	16,223명	3,917명	24.10%
2021	37,892명	6,991명	18.40%	18,416명	5,020명	27.30%
2020	34,534명	8,706명	25.20%	18,082명	4,955명	27.40%
2019	37,091명	6,629명	17.90%	13,179명	4,486명	34.04%
2018	30,920명	6,583명	21.30%	12,331명	4,820명	39.10%
2017	29,428명	5,779명	19.60%	12,159명	4,334명	35.60%

05 전기산업기사 자격시험 응시 사이트는 어디인가?

A. 큐넷(http://www.q-net.or.kr) 원서 접수는 온라인(인터넷, 모바일앱)에서만 가능합니다. 스마트폰, 태블릿PC 사용자는 모바일앱 프로그램을 설치한 후 접수 및 취소, 환불서비스를 이용하시기 바랍니다.

참 잘 만들어서 참 공부하기 쉬운
모아 전기산업기사 전기기기 필기

이 책의 특징 살짝 엿보기

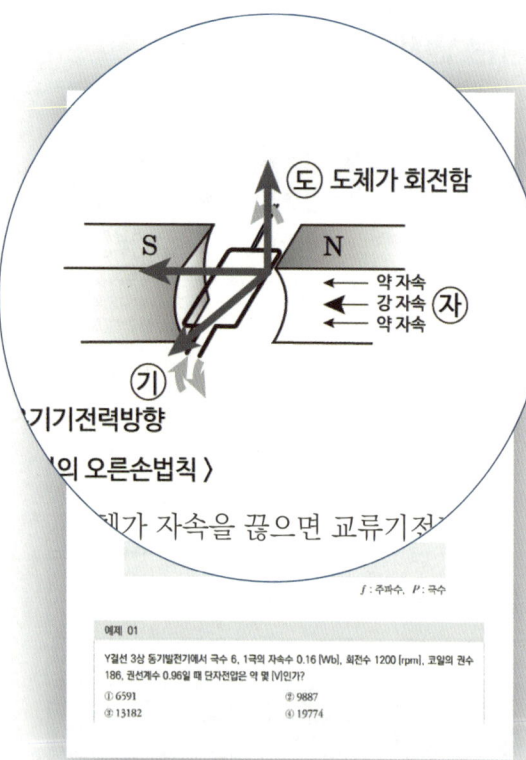

그림으로 이해하기

그림으로 이론을 **쉽게 이해**하고
외우기 쉽게 만들었습니다.

예제에 적용하기

그림으로 이론을 이해한 후
이론과 연계된 예제를 준비했습니다.
이론 이해와 문제 적용을
ONE-STEP으로 해결하세요.

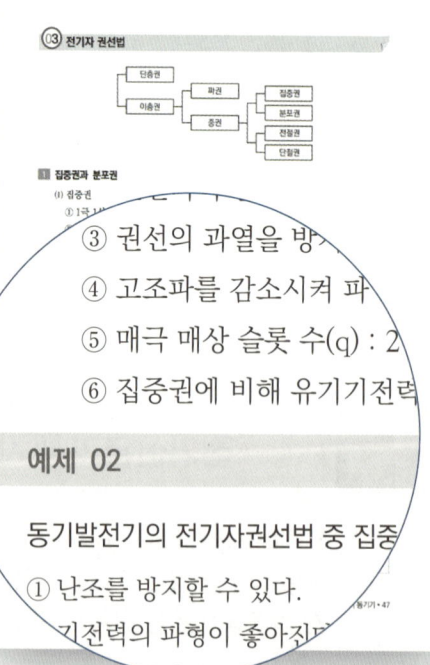

7개년 기출로 정복하기

2017년부터 2023년까지의 **최신 기출문제**를 수록했습니다.

해설까지 한번에 보기

기출문제와 해설을 한번에 배치하여 모르는 부분은 **바로 확인**할 수 있습니다.

TIP으로 확실히 다지기

막히거나 **놓치기 쉬운 부분도** 잊지 않고 팁으로 안내해 드립니다.

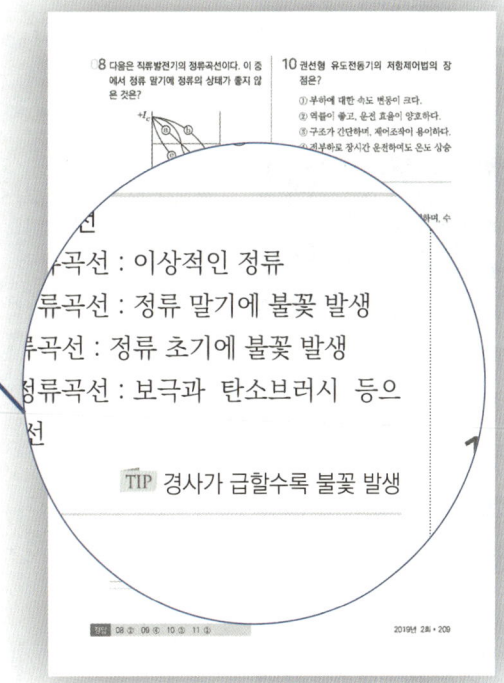

전기산업기사 전기기기 필기
10일만에 완성하기

하루 소요 공부예정시간
대략 평균 3시간

📝 모아 전기산업기사 전기기기 **필기**

DAY 1
- OT 및 커리큘럼
- Chapter 01 직류기

✏ 학습 Comment
전기기기의 기본원리로 동기기와 유도기에 직접적으로 연결되는 단원이므로 각각 적용되는 원리와 기기의 구조에 대하여 꼼꼼하게 학습해 주세요. 기본공식을 대입해서 풀 수 있는 정도까지 숙지합니다.

DAY 2
- Chapter 02 동기기
- Chapter 03 전력변환기

✏ 학습 Comment
필요한 공식은 암기하되 전기자권선법, 전기자반작용은 완벽하게 이해하고 동기전동기 부분은 범위가 좁지만 자주 출제가 되는 위상특성곡선에 대한 부분은 신경 써서 학습해 주세요.

DAY 3
- 이전 내용 복습
- Chapter 04 변압기

✏ 학습 Comment
출제가 상당히 많이 되는 부분으로 변압기의 특성과 손실, 효율 부분을 중점으로 학습하고 계산문제는 전기기사에서 출제되는 문제에 비해 난이도가 쉽기 때문에 이론을 완벽하게 이해하기보다는 기출문제 위주로 연습해 주세요.

DAY 4
- Chapter 05 유도전동기
- Chapter 06 정류자기 및 제어기기

✏ 학습 Comment
원리 및 구조에 대한 이해가 필요한 단원으로 슬립에 대한 부분을 주의깊게 학습해 주세요. 속도제어 부분을 유심히 보고 단상 유도전동기의 특징들을 숙지합니다. 정류자기 부분은 자주 출제가 되는 직류출력에 대한 수치를 확실히 외워두고 각 정류자전동기의 특징은 기기별로 비교해서 알아두는 것이 필요합니다.

DAY 5
기출문제 6회분 22년 1회 ~ 23년 3회

DAY 6
기출문제 6회분 20년 1회 ~ 21년 3회

DAY 7
기출문제 6회분 18년 1회 ~ 19년 3회

DAY 8
- 기출문제 3회분 17년 1회 ~ 17년 3회
- 요약정리

✏ 학습 Comment
기출문제에 대한 학습법 : 과락률이 제일 높은 단원이지만 겁먹지 말고 계산문제 중 어려운 1 ~ 2문제는 버린다는 생각으로 간단하게 유도해서 풀 수 있는 문제들로 연습해 주세요. 무조건 암기하고 풀면 너무 많은 에너지를 허비할 수 있으니 각 기기들의 특징과 해당 이론들은 혼동되지 않게 원리를 먼저 학습하고 기출문제에 접근하는 것을 권장합니다.

DAY 9
전기기기는 암기와 이해가 동시에 필요하므로 이론영상을 빠른 배속으로 한번 더 학습합니다.
과년도에 남은 시간을 투자해 주세요.

DAY 10
간단한 계산문제는 해설을 보지 않고 풀 수 있는 정도로 훈련합니다.

2024 모아 전기산업기사 시리즈

막힘없이 달려가다 보면
가끔은 막막한 순간이 다가올 때가 있습니다

"어떤 길을 걸어야 하지?"
"얼마나 걸어야 할까?"
"이제 어떻게 걸어야 하지…"

아우름이 수많은 물음표에 느낌표가 되어드리겠습니다.
믿고 도전해 보세요.

천천히 걷다 보면 어느새 그리던 목적지가 나타날 것입니다.
그 곳을 향해 함께 걸어가겠습니다.

합격을 응원합니다.

- 김영언 드림

모아 전기산업기사
전기기기

필기 이론+과년도 7개년

이 책의 순서

PART 01 전기기기

Ch 01 직류기

- 01 직류발전기의 구조 및 원리 ········· 014
- 02 전기자권선법 ········· 018
- 03 정류 ········· 020
- 04 직류발전기의 종류와 특성 ········· 021
- 05 직류발전기의 병렬운전 ········· 028
- 06 직류전동기의 구조 및 원리 ········· 029
- 07 직류전동기의 종류와 특성 ········· 032
- 08 직류전동기의 운전 ········· 036
- 09 직류기의 손실과 효율 ········· 038

Ch 02 동기기

- 01 동기발전기의 구조 및 원리 ········· 043
- 02 동기발전기의 분류 ········· 045
- 03 전기자권선법 ········· 047
- 04 동기발전기의 특성 ········· 050
- 05 동기발전기의 병렬운전 ········· 055
- 06 동기전동기의 특성 및 용도 ········· 058
- 07 동기조상기 ········· 061

Ch 03 전력변환기

- 01 정류용 반도체 소자 ········· 063
- 02 정류회로의 종류 ········· 069
- 03 정류회로의 특성 ········· 075
- 04 제어정류기 ········· 076

Ch 04 변압기

- 01 변압기의 원리 및 구조 ········· 078
- 02 변압기의 등가회로 ········· 082
- 03 전압강하 및 전압변동률 ········· 085
- 04 변압기의 3상 결선 ········· 089
- 05 상수의 변환 ········· 094
- 06 변압기의 병렬운전 ········· 096
- 07 변압기의 손실 및 효율 ········· 097
- 08 변압기의 시험 및 보수 ········· 099
- 09 계기용 변성기 ········· 103
- 10 특수변압기 ········· 105

Ch 05 유도전동기

01 **유도전동기의 원리 및 구조** ········ 109
02 **유도전동기의 슬립 및 등가회로** ····· 111
03 **유도전동기의 특성** ·············· 114
04 **유도전동기의 기동 및 제동** ······· 118
05 **유도전동기의 제어** ·············· 121
06 **단상 유도전동기** ················ 126
07 **기타 유도기** ···················· 129

Ch 06 정류자기 및 제어기기

01 **교류정류자기** ···················· 131
02 **단상 정류자전동기** ·············· 132
03 **3상 정류자전동기** ·············· 134
04 **정류자형 주파수 변환기** ········· 135
05 **제어기기** ························ 136

PART 02

과년도 기출문제

전기기기 2023년 1회 ············· 142
전기기기 2023년 2회 ············· 147
전기기기 2023년 3회 ············· 152
전기기기 2022년 1회 ············· 157
전기기기 2022년 2회 ············· 162
전기기기 2022년 3회 ············· 167
전기기기 2021년 1회 ············· 172
전기기기 2021년 2회 ············· 177
전기기기 2021년 3회 ············· 182
전기기기 2020년 1, 2회 ·········· 187
전기기기 2020년 3회 ············· 192
전기기기 2020년 4회 ············· 197
전기기기 2019년 1회 ············· 202
전기기기 2019년 2회 ············· 207
전기기기 2019년 3회 ············· 212
전기기기 2018년 1회 ············· 217
전기기기 2018년 2회 ············· 222
전기기기 2018년 3회 ············· 227
전기기기 2017년 1회 ············· 232
전기기기 2017년 2회 ············· 237
전기기기 2017년 3회 ············· 242

CHAPTER 01 직류기
CHAPTER 02 동기기
CHAPTER 03 전력변환기
CHAPTER 04 변압기
CHAPTER 05 유도전동기
CHAPTER 06 정류자기 및 제어기기

PART 01

필기

모아 전기산업기사

전기기기

CHAPTER 01 직류기

01 직류발전기의 구조 및 원리

1 직류발전기의 구조

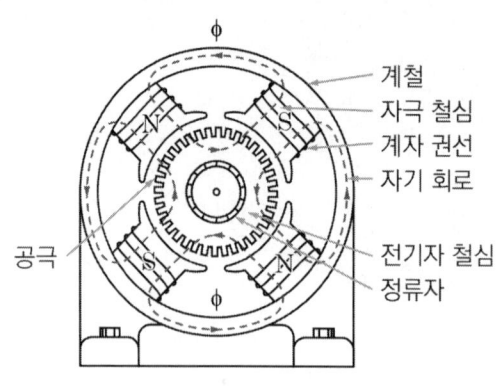
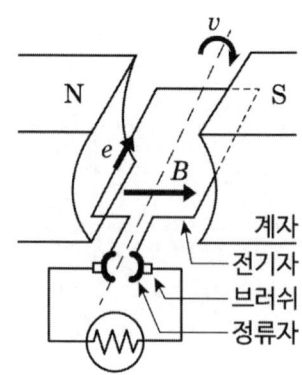

(1) 계자(Field Magnet)

① 자속을 만들어 주는 부분

② 구성 : 계자권선, 계자철심, 자극 및 계철

③ 계자철심 : 규소강판을 성층(철손저감)

(2) 전기자(Armature)

① 계자에서 만든 자속을 끊어 기전력을 유도

② 구성 : 전기자철심, 전기자권선

③ 전기자철심 : 규소강판을 성층

- 규소강판 : 히스테리시스손을 감소
- 성층 : 와류손을 감소

④ 전기자 주변속도

$$v = \pi D \frac{N}{60} = \pi D n \,[\text{m/s}]$$

D : 직경
N : 분당 회전수 [rpm]

예제 01

60 [Hz], 12극의 동기전동기의 회전자계의 주변속도는? (단, 회전자계의 극 간격은 1 [m]이다)

① 31.4 [m/s] 　　　　　　　② 10 [m/s]
③ 377 [m/s] 　　　　　　　④ 120 [m/s]

해설 주변속도

$v = \pi D \dfrac{N_s}{60}$ [m/s]에서 회전 속도 $N_s = \dfrac{120f}{p} = \dfrac{120 \times 60}{60} = 600\,[rpm]$

둘레 $\pi D = 12$ (∵ 원의둘레 = 극 간격 × 극수)

∴ $v = 12 \times \dfrac{600}{60} = 120\,[m/s]$

정답 ④

⑤ 전기각 = 기계각 × $\dfrac{P}{2}$, 　기계각 = $\dfrac{360°}{슬롯 수}$

예제 02

3상 4극 유도전동기가 있다. 고정자의 슬롯 수가 24라면 슬롯과 슬롯 사이의 전기각은?

① 40°　　② 30°　　③ 20°　　④ 10°

해설 유도전동기의 전기각

- 기계각 = $\dfrac{360°}{24} = 15°$
- 전기각 = 기계각 × $\dfrac{p}{2} = 15° \times \dfrac{4}{2} = 30°$

정답 ②

(3) 정류자(Commutator)
　① 전기자권선에서 유도된 교류를 직류로 변환해주는 부분
　② 정류자 편간전압

$$e = \dfrac{PE}{K}\,[V]$$

E : 단자전압　P : 극수
K : 정류자 편수

예제 03

6극 직류발전기의 단자전압이 220 [V], 정류자의 편수가 132개 일 때, 정류자 편간전압은 몇 [V]인가? (단, 권선법은 중권이다)

① 10 ② 20 ③ 30 ④ 40

해설 정류자 편간전압

$$e = \frac{PE}{K} = \frac{6 \times 220}{132} = 10 \, [\text{V}]$$

E : 단자전압 P : 극수 K : 정류자 편수

정답 ①

(4) 브러쉬(Brush)
  ① 정류자 면에 접촉하여 전기자권선(내부회로)과 외부회로를 연결
  ② 특징(구비조건)
    - 내열성이 크다.
    - 마모성이 작다.
    - 기계적으로 튼튼하다.
  ③ 종류
    - 탄소질 브러쉬 (접촉저항↑) : 소형기, 저속기
    - 흑연질 브러쉬 (접촉저항↓) : 대전류, 고속기
    - 전기 흑연질 브러쉬 : 가장 우수함
    - 금속 흑연질 브러쉬 : 저전압 (60 [V] 이하), 대전류

예제 04

직류기에서 전류용량이 크고 저전압 대전류에 가장 적합한 브러시 재료는?

① 탄소질　　　　　　　　　② 금속 탄소질
③ 금속 흑연질　　　　　　　④ 전기 흑연질

해설 브러시의 재료
  - 금속 흑연질 브러시 : 저전압, 대전류

정답 ③

(5) 공극(Air Gap)
  ① 계자철심의 자극편과 전기자철심 표면 사이의 공간
    • 소형기 : 3 [mm]
    • 대형기 : 6 ~ 8 [mm]
  ② 공극이 크면 자기저항이 커져서 효율이 나쁨
  ③ 공극이 작으면 기계적 안정성이 떨어짐

2 직류발전기의 원리

(1) 플레밍의 오른손법칙
  자기장 속에서 도선이 움직일 때 유기되는 유기기전력의 방향을 결정
  ① 엄지 : 도체의 회전 방향
  ② 검지 : 자속의 방향
  ③ 중지 : 유기기전력의 방향

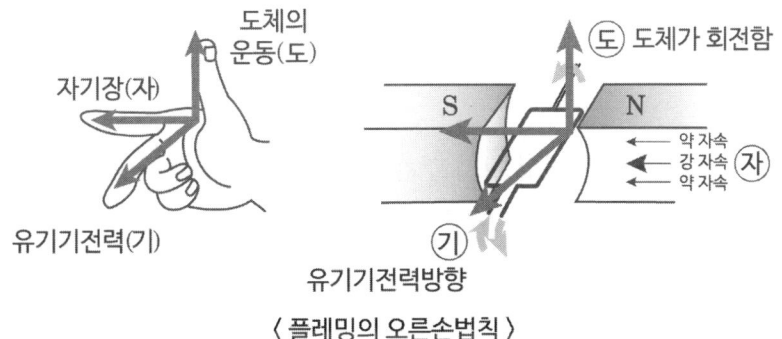

〈 플레밍의 오른손법칙 〉

(2) 직류발전기의 원리
  ① N극과 S극 사이의 자기장 내에서 도체가 자속을 끊으면 기전력(교류전압)이 유도
  ② 정류과정을 거쳐 교류를 직류로 변환

02 전기자권선법

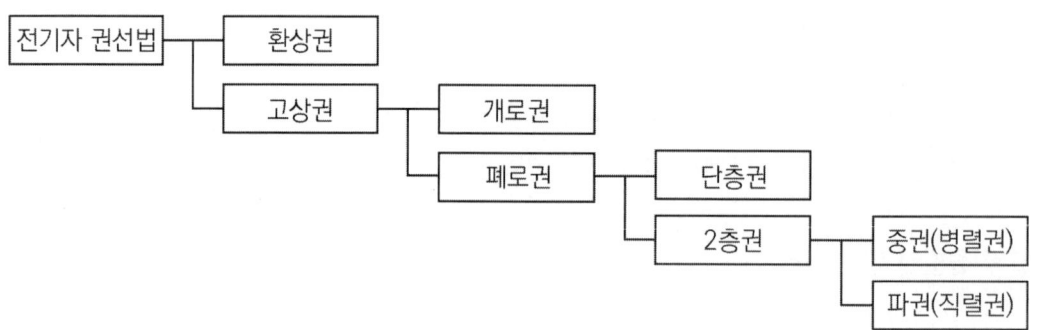

1 권선의 종류

(1) 전기자권선법의 분류

① 환상권 : 도선을 철심 내외로 감는 방법으로 유지보수가 어렵고 효율이 낮음

② 고상권 : 도선을 표면에 배치하는 것으로 상대적으로 제작과 유지보수가 쉽고, 효율이 좋음

(2) 고상권의 분류

① 개로권 : 여러 개의 독립된 코일을 감는 방법

② 폐로권 : 하나의 코일이 하나의 폐회로를 형성

(3) 폐로권의 분류

① 단층권 : 1개의 홈에 1개의 코일을 넣는 방법

② 이층권 : 1개의 홈에 2개 이상의 코일을 넣는 방법

2 이층권의 특징

구분	중권	파권
구분	병렬권	직렬권
전압	저전압	고전압
전류	대전류	소전류
병렬회로 수(a)	$a = P$	$a = 2$
브러시 수(b)	$b = P$	$b = 2$
균압환	필요	불필요

※ 균압환 : 직류기의 전기자권선이 중권인 경우, 각 전기자회로의 유기기전력이 반드시 같게는 되지 않아 브러시를 통해서 불꽃이 발생되는데 이를 방지하기 위한 연결 도체

예제 05

4극 단중 파권 직류발전기의 전전류가 I [A]일 때, 전기자권선의 각 병렬회로에 흐르는 전류는 몇 [A]가 되는가?

① 4I ② 2I ③ I/2 ④ I/4

해설 직류기의 권선법 특징

파권이므로 병렬회로 수는 항상 2

전기자에서 외부로 흐르는 전류 $i_a = \dfrac{I}{a} = \dfrac{I}{2} [A]$

정답 ③

03 정류

1 정류작용

(1) 정류작용 : 교류를 직류로 변환하는 작용

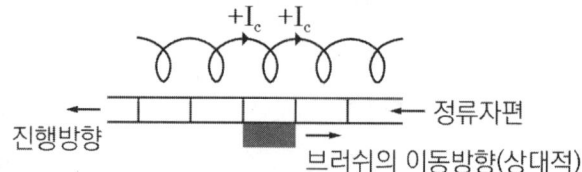

(2) 정류시간 : 브러시가 정류자 사이를 단락시키는 구간 동안만 정류 발생

$$T = \frac{b-\delta}{v} \text{ [sec]}$$

b : 브러시 폭 δ : 절연물 폭
v : 회전 속도

2 리액턴스전압과 정류전압

(1) 리액턴스전압 : 전기자권선의 인덕턴스에 의한 전압으로 정류 불량 및 불꽃 발생의 원인이 되며, 정류작용을 나쁘게 만듦

$$V_L = L\frac{di}{dt} = L\frac{I_c - (-I_c)}{dt} = L\frac{2I_c}{T} \text{ [V]}$$

I_c : 정류전류

(2) 정류전압 : 리액턴스전압을 상쇄하기 위해 리액턴스전압과 반대 방향으로 유기시켜 정류를 양호하게 하는 전압

(3) 양호한 정류를 얻기 위한 대책
   ① 보극설치(전압정류)
   ② 접촉저항이 큰 탄소브러시를 사용(저항정류)
   ③ 정류주기를 길게 할 것
   ④ 인덕턴스를 작게 할 것
   ⑤ 리액턴스전압을 작게 할 것

3 정류곡선

(1) 부족정류 : 정류 말기에 불꽃 발생

(2) 직선정류 : 이상적인 정류곡선

(3) 정현정류 : 일반적인 곡선(불꽃 발생하지 않음)

(4) 과정류 : 정류 초기에 불꽃 발생

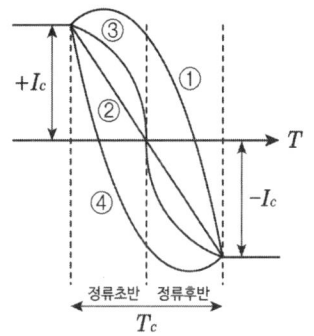

예제 06

다음은 직류발전기의 정류곡선이다. 이 중에서 정류 말기에 정류의 상태가 좋지 않은 것은?

① ⓐ　　　② ⓑ
③ ⓒ　　　④ ⓓ

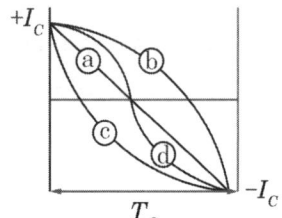

[해설] 정류곡선

ⓐ 직선정류곡선 : 이상적인 정류
ⓑ 부족정류곡선 : 정류 말기에 불꽃 발생
ⓒ 과정류곡선 : 정류 초기에 불꽃 발생
ⓓ 정현정류곡선 : 보극과 탄소브러시 등으로 개선

정답 ②

---

04 직류발전기의 종류와 특성

1 유기기전력

$$E = \frac{PZ\phi N}{60a} = K\phi N \,[\text{V}] \quad \left(K = \frac{PZ}{60a}\right)$$

P : 극수, Z : 도체수, ϕ : 자속, N : 회전수, a : 병렬회로수

$$E = V + I_a R_a = K\phi N \,[\text{V}] \quad \left(K = \frac{PZ}{60a}\right)$$

V : 단자전압, I_a : 전기자전류, R_a : 전기자저항

예제 07

포화하고 있지 않은 직류발전기의 회전수가 1/2로 감소되었을 때 기전력을 속도 변화 전과 같은 값으로 하려면 여자를 어떻게 해야 하는가?

① 1/2배로 감소시킨다. ② 1배로 증가시킨다.
③ 2배로 증가시킨다. ④ 4배로 증가시킨다.

해설 직류발전기의 유기기전력

$$E = \frac{PZ\phi N}{60a} = K\phi N \,[\text{V}], \quad \phi \propto \frac{1}{N}$$

따라서 전압이 일정할 때 회전수와 자속은 서로 반비례이므로 1/2로 회전수가 감소되면 자속은 2배로 증가되어야 한다.

정답 ③

2 타여자 발전기

(1) 타여자 발전기의 구조와 특성

① 구조 : 계자와 전기자가 분리
② 외부에서 계자전류를 공급받아 자속을 생성
③ 잔류자기가 없어도 발전 가능
④ 용도 : 직류전동기 속도제어용 전원, 속도계용 발전기

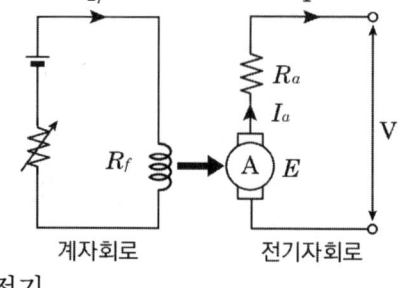

(2) 유기기전력과 전류

① 부하 상태

$$E = V_a + I_a R_a + e_a + e_b, \quad I = I_a$$

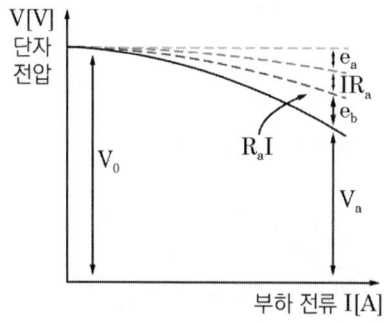

$I_a R_a$: 전기자권선에 의한 전압강하
e_a : 전기자반작용에 의한 전압강하
e_b : 브러시에 의한 전압강하
V_a : 전압강하를 고려한 실제 단자전압

② 무부하 상태

$$E = V, \quad I = I_a = 0$$

(3) 무부하 특성곡선

① 계자전류와 단자전압(유기기전력)과의 관계곡선

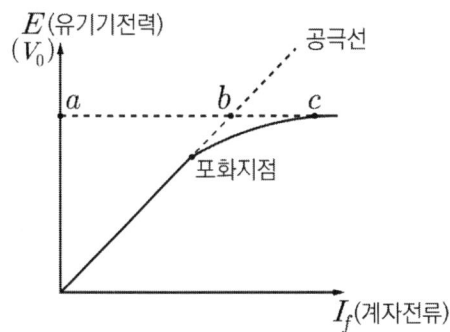

② 포화율 : $\dfrac{\overline{ab}}{\overline{bc}}$

③ 유기기전력은 계자전류에 비례하여 증가하다가 철심의 자기포화로 인해 더 이상 증가하지 않음

예제 08

직류 타여자 발전기의 부하전류와 전기자전류의 크기는?

① 전기자전류와 부하전류가 같다.
② 부하전류가 전기자전류보다 크다.
③ 전기자전류가 부하전류보다 크다.
④ 전기자전류와 부하전류는 항상 0이다.

해설 타여자 발전기

$I = I_a$, $E = V + I_a R_a$

정답 ①

3 직권발전기

(1) 직권발전기의 구조와 특성

① 구조 : 계자회로와 전기자회로가 직렬접속
② 잔류자기가 없으면 발전 불가능
③ 운전 중 운전방향이 반대가 되면 잔류자기가 사라져 발전 불가
④ 무부하 상태에서는 계자전류가 흐르지 않으므로 전압 확립 불가
⑤ 용도 : 승압기

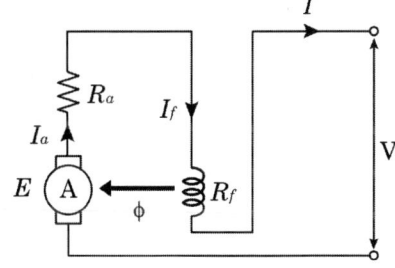

(2) 유기기전력과 전류

① 부하 상태

$$E = V + I_a(R_a + R_f), \qquad I = I_a = I_f$$

② 무부하 상태

$$E = 0, \qquad I = I_a = 0$$

예제 09

부하전류가 50 [A]일 때, 단자전압이 100 [V]인 직류직권발전기의 부하전류가 70 [A]로 되면 단자전압은 몇 [V]가 되겠는가? (단, 전기자저항 및 직권계자권선의 저항은 각각 0.1 [Ω]이고, 전기자반작용과 브러시의 접촉저항 및 자기 포화는 모두 무시한다)

① 110   ② 114   ③ 140   ④ 154

해설 직류직권발전기의 유기기전력

- $E = V + I_a(R_f + R_a) = 100 + 50(0.1 + 0.1) = 110\,[\text{V}]$
- 기전력은 부하전류에 비례하므로

$$E' = E \times \frac{70}{50} = 110 \times \frac{70}{50} = 154\,[\text{V}]$$

$154 = V' + 70(0.1 + 0.1)$ 이므로

∴ $V' = 154 - 14 = 140\,[\text{V}]$

정답 ③

4 분권발전기

(1) 분권발전기의 구조와 특성

① 구조 : 계자회로와 전기자회로가 병렬접속
② 잔류자기가 없으면 발전이 불가능
③ 운전 중 운전 방향이 반대가 되면 잔류자기가 사라져 발전 불가능
④ 정전압의 특성을 가짐
⑤ 무부하 시 운전금지
⑥ 용도 : 축전지 충전용, 동기기 직류여자장치

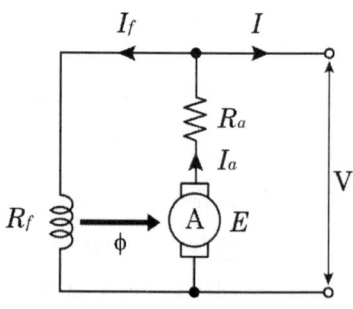

(2) 유기기전력과 전류

① 부하 상태

$$E = V + I_a R_a, \qquad I_a = I_f + I = \frac{V}{R_f} + \frac{P}{V}$$

② 무부하 상태

$$E = V + I_f R_a, \qquad I = 0, \ I_a = I_f = \frac{V}{R_f}$$

예제 10

전기자저항이 0.3 [Ω] 인 분권발전기가 단자전압 550 [V]에서 부하전류가 100 [A]일 때 발생하는 유도기전력(V)은? (단, 계자전류는 무시한다)

① 260 　　② 420 　　③ 580 　　④ 750

해설 분권발전기의 특성

$E = V + I_a R_a, \ I_a = I + I_f$

$E = 550 + 100 \times 0.3 = 580 \ [V]$

정답 ③

예제 11

정격속도로 회전하고 있는 무부하의 분권발전기가 있다. 계자권선이 저항이 50 [Ω], 계자전류 2 [A], 전기자저항이 1.5 [Ω] 일 때, 유기기전력은 몇 [V]인가?

① 97 　　② 100 　　③ 103 　　④ 106

해설 분권발전기의 유기기전력(무부하 시)

$E = V + I_a R_a = V + I_f R_a$ (∵ 무부하)

$V = I_f \times R_f = 2 \times 50 = 100 [V]$

∴ $E = 100 + 2 \times 1.5 = 103 [V]$

정답 ③

5 복권발전기

(1) 복권발전기의 구조와 구분

① 구조 : 하나의 전기자회로와 두 개의 계자회로가 직·병렬로 혼합

② 구분

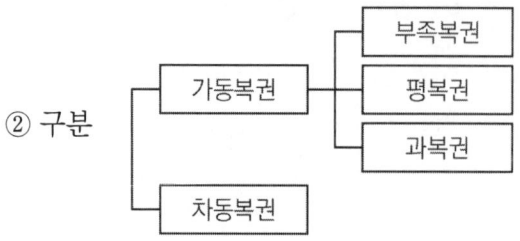

(2) 내분권과 외분권의 회로

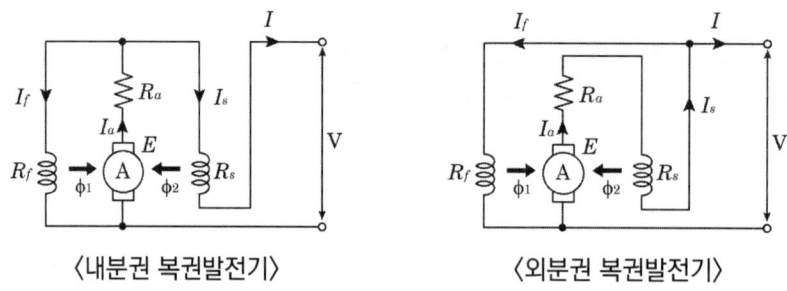

〈내분권 복권발전기〉　　〈외분권 복권발전기〉

(3) 가동 복권발전기

① 직권계자권선과 분권계자권선의 가동접속

② 두 종류의 자속이 합해져 자속을 생성($\phi = \phi_1 + \phi_2$)

③ 단자전압은 전기자전류로 인해 감소하는데 자속은 증가하므로 일정하게 유지

(4) 차동 복권발전기

① 직권계자권선과 분권계자권선의 차동접속

② 직권계자의 자속이 분권계자의 자속을 감소($\phi = \phi_1 - \phi_2$)

③ 부하 증가 시 단자전압이 크게 떨어지고 이후 전류가 부하에 상관없이 유지

④ 수하 특성(정전류 특성) : 용접기에 사용

6 외부특성곡선

(1) 특성곡선의 종류

구분	횡축	종축
무부하 포화곡선	계자전류(I_f)	단자전압(V) = 유기기전력(E)
부하 특성곡선	계자전류(I_f)	단자전압(V)
외부 특성곡선	부하전류(I)	단자전압(V)
내부 특성곡선	부하전류(I)	유기기전력(E)

(2) 외부특성곡선 - 회전수와 계자전류가 일정할 때

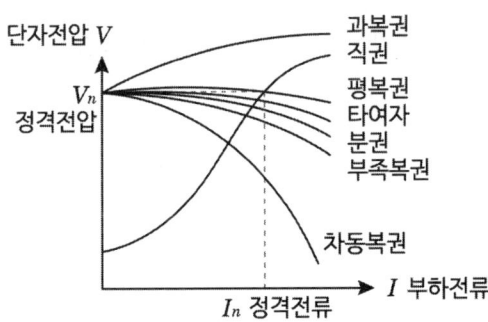

예제 12

그림은 복권발전기의 외부특성곡선이다. 이 중 과복권을 나타내는 곡선은?

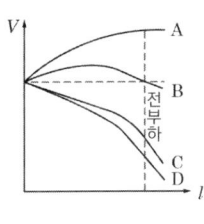

① A ② B ③ C ④ D

해설 외부특성곡선

A : 과복권, B : 평복권 C : 분권, D : 부족복권

정답 ①

05 직류발전기의 병렬운전

1 부하분담의 원리

(1) 부하분담 : 발전기의 병렬운전 시 두 발전기의 출력비

(2) 직류발전기의 출력 : $P = EI_a$

　① 출력이 크면 부하분담이 증가

　② 계자전류가 커지면 자속이 증가하여 부하분담이 증가

　③ 전기자저항이 감소하면 전기자 전류가 증가하여 부하분담이 증가

(3) 균압선 : 직류기에서 브러시의 손상을 막기 위해 권선의 등전위점을 연결한 낮은 저항의 도선

　① 전압을 균등하게 만들기 위해 설치

　② 직렬회로가 포함된 직권발전기와 복권발전기에 사용

　③ 분권발전기는 병렬로 연결되어 있으므로 균압선이 불필요

예제 13

직류발전기의 병렬운전에서 균압모선을 필요로 하지 않는 것은?

① 분권발전기　　　　　　　　② 직권발전기
③ 평복권발전기　　　　　　　④ 과복권발전기

해설　균압모선

병렬운전을 안정하게 유지하기 위해 설치한다. 직권발전기, 복권발전기는 균압모선이 필요

정답　①

2 직류발전기의 병렬운전

(1) 병렬운전의 목적 : 1대의 발전기로 용량이 부족하거나 경부하에 대한 효율을 개선

(2) 병렬운전 조건

　① 극성이 일치

　② 기전력의 크기 일치

　③ 외부 특성 곡선이 일치

　④ 외부 특성 곡선이 어느 정도 수하특성일 것

06 직류전동기의 구조 및 원리

1 직류전동기의 구조

(1) 직류발전기의 구조와 동일

(2) 직류전동기의 구성요소

① 3대 요소 : 계자, 전기자, 정류자

② 4대 요소 : 계자, 전기자, 정류자, 브러쉬

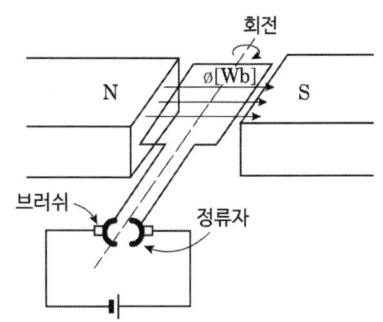

2 직류전동기의 원리

(1) 플레밍의 왼손법칙

자기장 중에 도체가 있고, 전류가 흐를 때 도선이 자기장에서 전자기력을 받는 법칙

① 엄지 : 도체가 받는 힘의 방향

② 검지 : 자기장의 방향

③ 중지 : 전류의 방향

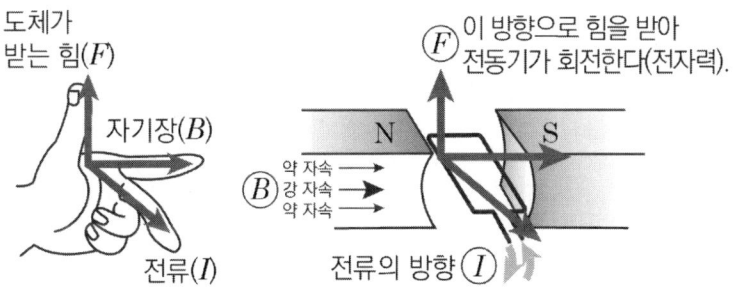

〈플레밍의 왼손법칙〉

(2) 직류전동기의 원리

① 직류 전력을 이용하여 기계적 동력을 발생하는 회전기계

② 자기장 중에 있는 코일에 정류자를 접속시키고, 직류전압을 가하면 플레밍의 왼손법칙에 따라 코일이 엄지 방향으로 회전

예제 14

그림과 같이 전기자권선에 전류를 보낼 때 회전 방향을 알기 위한 법칙 및 회전 방향은?

① 플레밍의 왼손법칙, 시계 방향
② 플레밍의 오른손법칙, 시계 방향
③ 플레밍의 왼손법칙, 반시계 방향
④ 플레밍의 오른손법칙, 반시계 방향

해설 플레밍의 왼손법칙 (전동기)

- 왼쪽은 위로 힘을 받고 오른쪽은 아래로 힘을 받으므로 시계 방향으로 회전한다.

정답 ①

3 역기전력

$$E_c = \frac{PZ\phi N}{60a} = K\phi N \text{ [V]} \quad \left(K = \frac{PZ}{60a}\right)$$

P : 극수, Z : 도체수, ϕ : 자속, N : 회전수, a : 병렬회로수

$$E_c = V - I_a R_a = K\phi N \text{ [V]} \quad \left(K = \frac{PZ}{60a}\right)$$

V : 단자전압, I_a : 전기자전류, R_a : 전기자저항

4 토크

(1) 토크공식 유도

① $T = \dfrac{P}{\omega} = \dfrac{EI_a}{2\pi n} = \dfrac{\dfrac{PZ\phi N}{60a}I_a}{\dfrac{2\pi N}{60}} = \dfrac{PZ}{2\pi a}\phi I_a = K\phi I_a \text{ [N·m]}$

$$T = K\phi I_a \text{ [N·m]} \quad \left(K = \frac{PZ}{2\pi a}\right)$$

ϕ : 자속, I_a : 전기자전류, P : 극수, Z : 도체수, a : 병렬회로수

② $T = \dfrac{P}{\omega} = \dfrac{EI_a}{2\pi n} = \dfrac{P_o}{\dfrac{2\pi N}{60}} = \dfrac{60 P_o}{2\pi N} = \dfrac{60}{2\pi} \times \dfrac{P_o}{N} = 9.55 \times \dfrac{P_o}{N} [\text{N} \cdot \text{m}]$

$$T = K\phi I_a = 9.55 \dfrac{P_o}{N}[\text{N} \cdot \text{m}] = 0.975 \dfrac{P_o}{N}[\text{kg} \cdot \text{m}]$$

P_o : 출력, N : 회전수

예제 15

전기자 총 도체 수 500, 6극, 중권의 직류전동기가 있다. 전기자 전 전류가 100 [A]일 때의 발생 토크는 약 몇 [kg · m]인가? (단, 1극당 자속수는 0.01 [Wb]이다)

① 8.12 ② 9.54 ③ 10.25 ④ 11.58

해설 직류전동기의 토크 (T)

풀이 1)
$T = K\phi I_a = \dfrac{PZ}{2\pi a}\phi I_a \ (P = a, \because 중권)$
$= \dfrac{500}{2\pi} \times 0.01 \times 100 = 79.58 [\text{N} \cdot \text{m}] \rightarrow 79.58 \times \dfrac{1}{9.8} = 8.12 [\text{kg} \cdot \text{m}]$

풀이 2)
$T = 0.975 \dfrac{EI_a}{N} = 0.975 \dfrac{PZ\phi NI_a}{60a \times N} [\text{kg} \cdot \text{m}]$ 에서 중권이므로 $P = a$
$T = \dfrac{0.975 \times 500 \times 0.01 \times 100}{60} = 8.12 [\text{kg} \cdot \text{m}]$

정답 ①

(2) 토크특성곡선

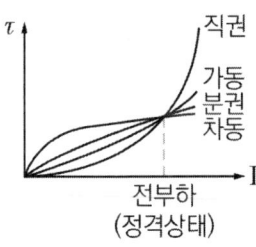

- 단자전압, 계자저항이 일정할 때
- 부하전류에 따른 토크의 관계를 나타낸 곡선

5 속도

(1) 속도공식유도

$$E = K\phi N \text{에서 } N = \frac{E}{K\phi} = \frac{V - I_a R_a}{K\phi} = k\frac{V - I_a R_a}{\phi} \text{ [rpm]} \left(k = \frac{1}{K} = \frac{60a}{PZ} \right)$$

$$N = k\frac{V - I_a R_a}{\phi} \text{ [rpm]}$$

V : 단자전압, I_a : 전기자전류, R_a : 전기자저항

(2) 속도특성곡선

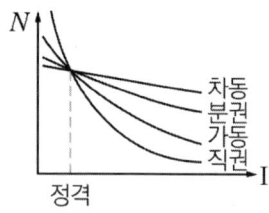

- 단자전압, 계자저항이 일정할 때
- 부하전류와 회전수의 관계를 나타낸 곡선

07 직류전동기의 종류와 특성

1 타여자전동기

(1) 타여자전동기의 특징
  ① 구조 : 타여자발전기와 동일한 구조
  ② 용도 : 압연기, 엘리베이터

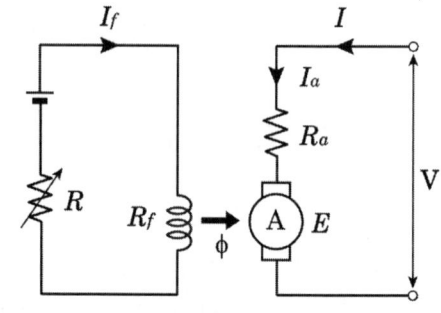

(2) 역기전력과 전류

$$E_c = V - I_a R_a \text{[V]}, \quad I_a = I$$

(3) 속도

$$N = k\frac{V - I_a R_a}{\phi} \text{ [rpm]} \quad \left(k = \frac{1}{K} = \frac{60a}{PZ} \right)$$

V : 단자전압, I_a : 전기자전류, R_a : 전기자저항

① 정속도의 특성을 가진다.
② 공급전원 방향을 반대로 하면 → 역회전한다.

(4) 토크

$$T = K\phi I_a [\text{N·m}] \quad \left(K = \frac{PZ}{2\pi a}\right)$$

① 타여자이므로 부하 변동에 의한 자속의 변화가 없다.
② 토크는 부하전류에 비례 ($T \propto I_a$)

2 직권전동기

(1) 직권전동기의 특징
① 구조 : 직권발전기와 동일
② 용도 : 전기철도, 기중기

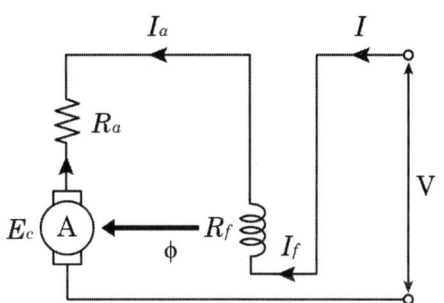

(2) 전기자전류

$$I_a = I = I_f$$

(3) 역기전력

$$E = V - I_a(R_a + R_f) [\text{V}]$$

(4) 속도

$$N = k\frac{V - I_a(R_a + R_f)}{\phi} [\text{rpm}] \quad \left(k = \frac{1}{K} = \frac{60a}{PZ}\right)$$

① 속도 조정이 쉽다.
② 전기자전류나 계자 전류의 극성을 반대로 하면 역회전을 한다.
③ 극성을 바꾸어도 회전 방향의 변화는 없다.
④ 무부하($I_a = 0$)일 때 회전 속도가 급격히 상승
 • 방지책 : 벨트의 벗겨짐을 방지하기 위해 기어나 체인으로 운전

(5) 토크

$$T = K\phi I_a \propto I_a^2 \,[\text{N}\cdot\text{m}] \quad \left(K = \frac{PZ}{2\pi a}\right) (\because 직권에서는 \phi \propto I_a)$$

① 기동 토크가 크다.

② 토크는 전류의 제곱에 비례($T \propto I_a^2$)한다.

③ 토크에 따라 회전수가 변하므로 출력이 일정한 정출력 특성이 있다.

예제 16

정격전압에서 전부하로 운전하는 직류직권전동기의 부하전류가 50 [A]이다. 부하 토크가 반으로 감소하면 부하전류는 약 몇 [A]인가? (단, 자기포화는 무시한다)

① 25 ② 35 ③ 45 ④ 50

해설 직권전동기의 토크

$$\tau \propto I^2 \Rightarrow \frac{1}{2}\tau \propto \frac{1}{2}I^2 \Rightarrow \frac{1}{2}I^2 = \left(\sqrt{\frac{1}{2}}I\right)^2$$

따라서 전류는 $\sqrt{\frac{1}{2}}$ 배가 되므로 $I' = \sqrt{\frac{1}{2}} \times 50 = 35\,[\text{A}]$

정답 ②

3 분권전동기

(1) 분권전동기의 특징

　① 구조 : 분권발전기와 동일

　② 용도 : 공작기계, 압연기

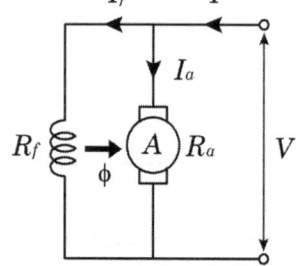

(2) 전기자전류

$$I_a = I - I_f = \frac{P}{V} - \frac{V}{R_f}\,[\text{A}]$$

(3) 역기전력

$$E = \frac{PZ\phi N}{60a} = K\phi N = V - I_a R_a\,[\text{V}]$$

(4) 속도

$$N = k \frac{V - I_a R_a}{\phi}$$

① 극성을 바꾸어도 회전 방향에는 변화가 없다.
② 무여자($\phi = 0$)일 때 속도가 급상승한다.
  • 방지책 : 계자회로에 Fuse나 개폐기 삽입 금지, 속도감지기와 과전류계전기 설치

예제 17

직류분권전동기 운전 중 계자권선의 저항을 증가할 때 회전 속도는?
① 일정하다.   ② 감소한다.   ③ 증가한다.   ④ 관계없다.

해설 분권전동기

회전 속도 $N = k' \dfrac{V - I_a R_a}{\phi}$ 에서

계자저항 증가 ⇒ 계자전류 감소 ⇒ 자속 감소 ⇒ 회전 속도 증가

정답 ③

(5) 토크

$$T = K \phi I_a \, [\text{N} \cdot \text{m}] \quad \left(K = \frac{PZ}{2\pi a} \right)$$

① 토크는 전류에 비례 ($T \propto I_a$)
② 토크와 회전수가 큰 관계가 없으므로 정속도 운전을 한다.

예제 18

직류 분권전동기가 있다. 단자전압이 215 [V], 전기자전류가 50 [A], 전기자저항이 0.1 [Ω], 회전수가 1500 [rpm]일 때 발생 회전력은 몇 [N·m]인가?
① 66.8   ② 72.7   ③ 81.6   ④ 91.2

해설 직류전동기의 토크

• $E_c = V - I_a R_a = 215 - 50 \times 0.1 = 210$

∴ $T = 9.55 \times \dfrac{E_c I_a}{N} = 9.55 \times \dfrac{210 \times 50}{1500} = 66.85 \, [N \cdot m]$

정답 ①

08 직류전동기의 운전

1 직류전동기의 기동

(1) 직접기동법
   ① 직접 스위칭하는 방법
   ② 스위치만 넣어 단순히 직류 전원을 공급하는 방법
   ③ 기동 시 가장 큰 전류가 흐름

(2) 저항기동법
   ① 직류전원과 모터 사이에 가변 저항을 설치
   ② 초기에 저항 값을 크게 하고 속도가 빨라지면 서서히 저항을 줄여나가는 방법
   ③ 용도에 적합한 기동전류와 기동 토크 특성을 얻을 수 있도록 부드럽게 전압을 제어

(3) 가변전원기동법
   ① 직류 전원의 전압을 0으로 시작
   ② 회전 속도의 상승에 따라 전압을 서서히 상승시켜 정격전압에 접근하는 방법

2 직류전동기의 속도제어

(1) 계자제어
   ① 정출력제어
   ② 계자권선에 저항을 직렬 또는 병렬로 삽입하여 계자전류를 변화시킴
   ③ 속도를 어느 정도 이상 낮출 수는 없음
   ④ 효율은 양호하나 정류가 불량

(2) 전압제어
   ① 정토크제어
   ② 직류전압을 조정하여 광범위한 속도제어
   ③ 미세한 조정이 가능하고, 제어효율이 우수
   ④ 전압제어의 종류
   - 워드레오나드 방식
   - 일그너 방식
   - 직·병렬제어법
   - 쵸퍼제어법

   ⑤ 용도 : 제철용 압연기, 엘리베이터

(3) 저항제어
① 전기자권선에 직렬로 저항을 삽입하여 속도를 제어
② 전력손실이 생기고, 분권 및 타여자는 특성이 나빠지며 속도제어의 범위도 좁음
③ 속도 변동의 범위가 좁기 때문에 잘 사용하지 않음
④ 구조가 간단하고, 제어 조작이 용이하며, 수리 및 보수 유지가 간편

예제 19

직류전동기의 속도제어법 중 광범위한 속도제어가 가능하며 운전 효율이 좋은 방법은?
① 병렬제어법   ② 전압제어법
③ 계자제어법   ④ 저항제어법

해설) 직류전동기의 속도제어

전압제어 : 직류전압을 조정하여 광범위한 속도제어

정답 ②

3 직류전동기의 제동

(1) 발전제동
① 제동 시 전원을 개방하여 발전기로 이용 가능
② 발전된 전력을 제동용 저항에서 열로 소비

(2) 회생제동
① 제동 시 전원을 개방하지 않음
② 전동기를 발전기로 이용, 발전된 전력을 전원으로 회생하는 방식

(3) 역상제동(플러깅제동)
① 급제동 시 사용하는 방법
② 계자 또는 전기자전류의 방향을 역전시켜 반대 방향의 토크를 발생시켜 제동

(4) 역회전 방법
① 타여자 : 공급 전원의 방향을 반대로
② 자여자 : 계자권선이나 전기자권선 중 한 쪽의 접속을 반대로

예제 20

다음 중 직류전동기의 발전제동을 옳게 설명한 것은?

① 운전 중인 전동기의 전기자 접속을 반대로 접속한다.
② 전기자를 전원과 분리한 후 이를 외부저항에 접속하여 전동기의 운동에너지를 열에너지로 소비한다.
③ 전동기가 정지할 때까지 제동 토크가 감소하지 않는다.
④ 전동기를 발전기로 동작시켜 발생하는 전력을 전원으로 반환한다.

해설 직류전동기의 제동법

- 발전제동 : 발전기로 동작, 열로 소비(전력소비)

정답 ②

09 직류기의 손실과 효율

1 손실

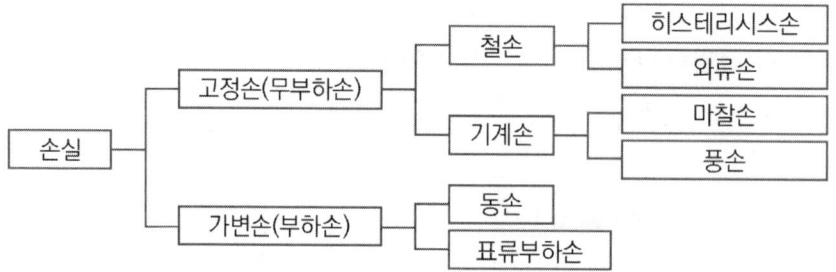

(1) 고정손(무부하손)

① 철손(P_i) : 히스테리시스손 (80 [%]) + 와류손 (20 [%])

- 히스테리시스손

  철심이 자화되는 과정에서 발생하는 열로 인한 손실

  $$P_h = K_h f B_m^2 \, [\text{W/m}^3]$$

  K_h : 재질계수
  f : 주파수
  B_m : 최대 자속밀도

- 와류손

  자속이 철심을 통과할 때 철심에 맴돌이전류가 생성되면서 발생하는 열 손실

$$P_e = K_e (K_f t f B_m)^2 \, [\text{W/m}^3]$$

K_e : 재질계수
K_f : 전원전압의 파형률
t : 철판두께

② 기계손(P_m)

- 회전 시에 생기는 손실
- 종류 : 풍손, 베어링 마찰손, 브러쉬 마찰손

(2) 가변손(부하손)

① 동손(P_c)

- 전기자동손 $P_a = I_a^2 R_a$
- 계자동손 $P_f = I_f^2 R_f$

② 표유부하손 (P_s) : 철손, 기계손, 동손 이외의 손실

예제 21

220 [V], 50 [kW]인 직류직권전동기를 운전하는데 전기자저항(브러시의 접촉저항 포함)이 0.05 [Ω]이고 기계적 손실이 1.7 [kW], 표유손이 출력의 1 [%]이다. 부하전류가 100 [A]일 때의 출력은 약 몇 [kW]인가?

① 14.5 ② 16.7 ③ 18.2 ④ 19.6

해설 전동기의 출력 (P)

- 역기전력 $E_c = V - I_a R_a = 220 - 100 \times 0.05 = 215 \, [V]$
- 기계적 출력 $P = E_c I_a = 215 \times 100 = 21.5 \, [kW]$
- 출력 $P' = 21.5 - 1.7 - 21.5 \times 0.01 = 19.6 \, [kW]$

정답 ④

2 효율

(1) 실측효율 : 기계의 입력과 출력의 백분율 비

$$\eta = \frac{출력}{입력} \times 100 [\%]$$

(2) 규약효율 : 규정된 방법에 의하여 손실을 측정 및 산출하여 입·출력을 구해 효율을 계산
   ① 발전기, 변압기 효율

$$\eta_G = \frac{출력}{출력 + 손실} \times 100 [\%]$$

   ② 전동기 효율

$$\eta_M = \frac{입력 - 손실}{입력} \times 100 [\%]$$

예제 22

터빈발전기의 출력이 1350 [kVA], 2극, 3600 [rpm], 11 [kV]일 때 역률 80 [%]에서 전부하 효율이 96 [%]라 하면 이때의 손실 전력(kW)은?

① 36.6　　② 45　　③ 56.6　　④ 65

해설 발전기의 효율(η)

- $\eta = \dfrac{출력}{입력} \times 100 = \dfrac{출력}{출력 + 손실} \times 100 \, [\%]$

- $0.96 = \dfrac{1350 \times 0.8}{1350 \times 0.8 + 손실}$

- $\therefore 손실 = \dfrac{1350 \times 0.8}{0.96} - 1350 \times 0.8 = 45 \, [\text{kW}]$

정답 ②

3 변동률

(1) 전압변동률 : 정격전압에 대한 무부하 시 전압이 변하는 비율
  ① 수식

  $$\varepsilon = \frac{무부하\ 전압 - 정격전압}{정격전압} \times 100\,[\%] = \frac{V_0 - V_n}{V_n} \times 100\,[\%]$$

  ② 발전기에 따른 전압 변동률

구분	$V_0(V)$ $V(V)$	전압 변동률	용도
과복권	$V_0 < V$	$\varepsilon(-)$	전압강하 보상용
직권발전기	$V_0 < V$	$\varepsilon(-)$	직류 승압용
복권(평복권)	$V_0 = V$	$\varepsilon(0)$	직류전원 및 여자기
타여자	$V_0 > V$	$\varepsilon(+)$	내압시험 전원
분권발전기	$V_0 > V$	$\varepsilon(+)$	축전지 충전용
차동복권	$V_0 > V$	$\varepsilon(+)$	아크 용접기

(2) 속도변동률 : 정격속도에 대한 무부하 시 속도가 변하는 비율

$$\epsilon = \frac{무부하속도 - 정격속도}{정격속도} \times 100 = \frac{N_o - N_n}{N_n} \times 100\,[\%]$$

예제 23

200 [kW], 200 [V]의 직류 분권발전기가 있다. 전기자권선의 저항 0.025 [Ω]일 때 전압변동률은 몇 [%] 인가?

① 6.0　　　② 12.5　　　③ 20.5　　　④ 25.0

해설 전압변동률

- $V_o = E = V_n + I_a R_a$
- $I_a = \dfrac{P}{V} = \dfrac{200 \times 10^3}{200} = 10^3\,[A]$
- $V_o = 200 + 10^3 \times 0.025 = 225\,[V]$

$\therefore\ \epsilon = \dfrac{V_o - V_n}{V_n} \times 100 = \dfrac{225 - 200}{200} \times 100 = 12.5\,[\%]$

정답 ②

4 온도상승시험

(1) 실부하법

① 부하를 연결하여 실제 운전 후 온도 상승을 시험하는 방법으로 정확도가 높다.

② 부하로 쓰이는 것 : 전기동력계, 프로니 브레이크, 손실을 알고 있는 직류발전기

(2) 반환 부하법

① 동일 정격 2대의 기기를 전기적·기계적으로 접속하고 운전하여 손실에 상당하는 전력을 공급하는 방식

② 가장 많이 쓰이는 온도상승시험법

③ 종류 : 홉킨스법, 카프법, 블론델법

CHAPTER 02 | 동기기

01 동기발전기의 구조 및 원리

1 동기발전기의 구조

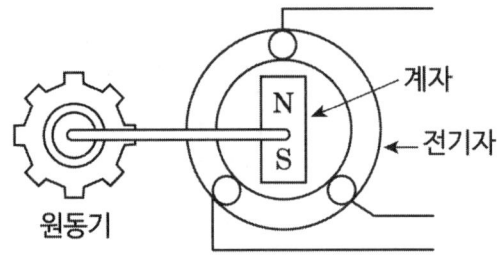

(1) 전기자(고정자) : 주 자속을 끊어 기전력을 발생

① 전기자 슬롯 : 스큐(Skew)슬롯

② 전기자권선법 : 단절권, 분포권

③ 전기자권선을 Y(성형)결선하는 이유

- 중성점을 접지로 인한 보호계전기의 간편한 동작이 가능
- 이상전압에 대한 방지대책이 용이
- 권선의 불평형 및 제3고조파에 의한 순환전류가 흐르지 않음
- Δ결선에 비해 상전압이 $\frac{1}{\sqrt{3}}$ 배이므로 권선의 절연이 용이
- 코로나 발생 억제

(2) 계자(회전자)

① 3상 전원이 공급되면 회전자계가 발생하여 주자속을 생성

② 동기속도를 유지하면서 회전

③ 회전자의 극수는 고정자의 극수와 동일

(3) 여자기 : 계자에 여자전류를 공급하는 직류전원 공급 장치

2 동기발전기의 원리

(1) 플레밍의 오른손법칙

① 자기장 속에서 도선이 움직일 때 유기되는 유기기전력을 방향을 결정
- 엄지 : 도체의 회전 방향
- 검지 : 자속의 방향
- 중지 : 유기기전력의 방향

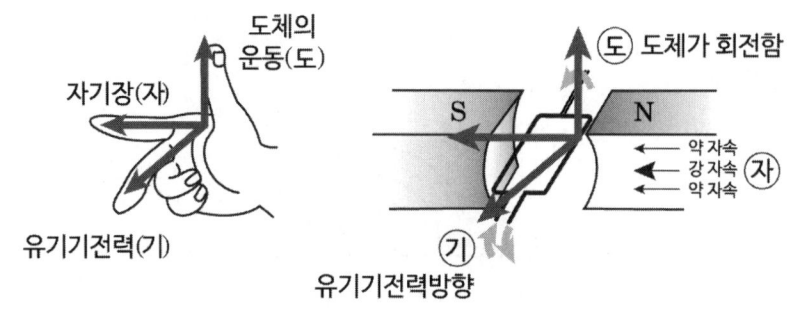

〈 플레밍의 오른손법칙 〉

② N극과 S극 사이의 자기장 내에서 도체가 자속을 끊으면 교류기전력이 유도
③ 계자를 회전시키는 회전계자형 교류발전기

(2) 유도기전력

$$E = 4.44 f N \phi_m K_w \text{ [V]}$$

f : 파수, N : 권수, ϕ_m : 최대 자속, K_w : 권선계수

(3) 동기속도

$$N_s = \frac{120f}{P} \text{ [rpm]}$$

f : 주파수, P : 극수

예제 01

Y결선 3상 동기발전기에서 극수 6, 1극의 자속수 0.16 [Wb], 회전수 1200 [rpm], 코일의 권수 186, 권선계수 0.96일 때 단자전압은 약 몇 [V]인가?

① 6591　　　　　　　　　② 9887
③ 13182　　　　　　　　 ④ 19774

해설 동기발전기의 단자전압

Y결선 이므로 선간전압 $V_\ell = \sqrt{3}\, V_p$

- $V_p = E = 4.44 f N \phi K_w$
- $f = \dfrac{p}{120} \times N = \dfrac{6}{120} \times 1200 = 60\,[Hz]$

∴ $V_\ell = \sqrt{3} \times 4.44 f N \phi K_w = \sqrt{3} \times 4.44 \times 60 \times 186 \times 0.16 \times 0.96 = 13182.53\,[V]$

정답 ③

02 동기발전기의 분류

1 회전자에 의한 분류

(1) 회전 계자형

① 전기자보다 계자극을 회전자로 하는 것이 기계적으로 튼튼함

② 계자는 소요전력이 작고, 절연이 용이

③ 구조가 간단하지만 전기자 결선은 복잡함

④ 고전압, 대전류용에 사용

(2) 회전 전기자형

① 계자를 고정하고 전기자가 회전하는 형태

② 저전압, 소용량에 사용

(3) 유도자형 고주파 발전기

① 계자와 전기자가 고정

② 중앙에 유도자는 회전자를 갖춘 형태로 1000 ~ 20000 [Hz]의 고주파를 발생하는 데 사용

③ 고주파 발전기로 사용

2 원동기에 의한 분류

(1) 수차발전기

① 수차에 의해 회전하는 수력발전기에서 사용

② 돌극형(우산형)을 많이 사용

③ 저속도, 대용량 발전기

(2) 터빈발전기
　① 증기터빈, 가스터빈에 의해 회전하는 화력발전소에서 사용
　② 비돌극형(원통형)을 많이 사용
　③ 고속도, 저용량 발전기

(3) 엔진발전기 : 내연기관에 의해 운전하는 발전기

3 회전자 형태에 의한 분류

(1) 돌극형(철극형)
　① 단락비가 크다(안정도가 높다).
　② 동기임피던스가 작다.
　③ 전기자반작용이 작다.
　④ 전압 변동률이 낮다.
　⑤ 중량이 크다.
　⑥ 과부하 내량이 증가(= 가격 상승)
　⑦ 공극이 크다.
　⑧ 출력 $P = \dfrac{EV}{x_s}\sin\delta + \dfrac{V^2(x_d - x_q)}{2x_d x_q}$ [W]

　　　　　　　x_d : 직축 리액턴스　　x_q : 횡축 리액턴스　　δ : 부하각
　⑨ 직축리액턴스가 횡축리액턴스보다 크다($X_d > X_q$).

(2) 비돌극형(원통형)
　① 단락비가 작다
　② 동기임피던스가 크다.
　③ 전기자반작용이 크다.
　④ 전압 변동률이 높다.
　⑤ 중량이 작아서 가격이 싸다.
　⑥ 공극이 좁다.
　⑦ 출력(3상은 $3P$)

$$P = \dfrac{EV}{x_s}\sin\delta \,[\text{W}]$$

　　　　E : 유도기전력　V : 단자전압　x_s : 동기리액턴스　δ : 부하각
　⑧ 직축리액턴스가 횡축리액턴스와 크기가 같다. ($X_d = X_q$)

03 전기자권선법

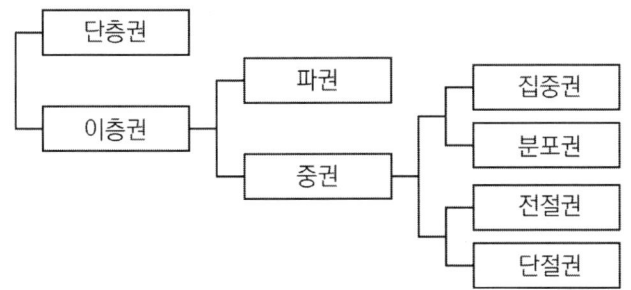

1 집중권과 분포권

(1) 집중권
  ① 1극 1상당 코일이 차지하는 슬롯 수가 1개인 권선법
  ② 고조파로 인해 파형이 고르지 못해서 쓰지 않는다.
  ③ 매극 매상 슬롯 수(q) : 1

(2) 분포권
  ① 1극 1상당 코일이 차지하는 슬롯 수가 2개 이상
  ② 권선의 누설리액턴스가 감소한다.
  ③ 권선의 과열을 방지한다.
  ④ 고조파를 감소시켜 파형을 개선한다.
  ⑤ 매극 매상 슬롯 수(q) : 2 이상
  ⑥ 집중권에 비해 유기기전력이 감소한다.

예제 02

동기발전기의 전기자권선법 중 집중권에 비해 분포권이 갖는 장점은?
① 난조를 방지할 수 있다.
② 기전력의 파형이 좋아진다.
③ 권선의 리액턴스가 커진다.
④ 합성 유도기전력이 높아진다.

해설 분포권
  • 고차 고조파 억제에 의한 파형을 개선
  • 집중권에 비하여 기전력이 작다.

정답 ②

2 전절권과 단절권

(1) 전절권

① 코일 간격과 극 간격이 같다.

② 고조파로 인해 파형이 고르지 못해서 쓰지 않는다.

(2) 단절권

① 코일 간격이 극 간격보다 작다.

② 고조파를 제거하여 기전력의 파형을 개선한다.

③ 구리(동)량이 적게 든다.

④ 전절권에 비해 유기기전력이 감소한다.

3 권선계수($K_w = K_d K_p$)

(1) 분포권 계수

$$K_d = \frac{\text{분포권의 합성기전력}}{\text{집중권의 합성기전력}} = \frac{\sin\frac{n\pi}{2m}}{q\sin\frac{n\pi}{2mq}}$$

q : 매 극 매 상당 슬롯 수
m : 상수
n : 고조파

(2) 단절권 계수

$$K_p = \frac{\text{단절권의 합성기전력}}{\text{전절권의 합성기전력}} = \sin\frac{n\beta\pi}{2}$$

$\beta = \dfrac{\text{코일간격}}{\text{극간격}} = \dfrac{\text{코일간격}}{\text{전 슬롯수/극수}}$

예제 03

3상 동기발전기의 매 극 매 상의 슬롯 수를 3이라고 하면, 분포권 계수는?

① $\sin\dfrac{2}{3}\pi$ ② $\sin\dfrac{3}{2}\pi$ ③ $6\sin\dfrac{\pi}{18}$ ④ $\dfrac{1}{6\sin\dfrac{\pi}{18}}$

해설 분포권 계수

- $K_d = \dfrac{\sin\dfrac{\pi}{2m}}{q\sin\dfrac{\pi}{2mq}}$ 에서 $m=3$, $q=3$이면

  $K_d = \dfrac{\sin\dfrac{\pi}{6}}{3\times\sin\dfrac{\pi}{2\times3\times3}} = \dfrac{\dfrac{1}{2}}{3\sin\dfrac{\pi}{18}} = \dfrac{1}{6\sin\dfrac{\pi}{18}}$

정답 ④

예제 04

3상, 6극, 슬롯 수 54의 동기 발전기가 있다. 어떤 전기자코일의 두 변이 제1슬롯과 제8슬롯에 들어 있다면 단절권 계수는 약 얼마인가?

① 0.9397 ② 0.9567 ③ 0.9837 ④ 0.9117

해설 단절권 계수 = $\sin\dfrac{n\beta\pi}{2}$

- 극 간격 = $\dfrac{\text{슬롯 수}}{\text{극 수}} = \dfrac{54}{6} = 9$
- $\beta = \dfrac{\text{코일 간격}}{\text{극 간격}} = \dfrac{7}{9}$

∴ $\sin\dfrac{n\beta\pi}{2} = \sin\dfrac{7\pi}{18} = 0.9397$

(n은 고조파 값이므로 여기서 $n=1$)

정답 ①

04 동기발전기의 특성

1 전기자반작용

전기자전류에 의한 자속이 주자속에 영향을 미치는 현상

(1) 횡축반작용(교차자화작용)

① 적용성분 : $I\cos\theta$

② 부하 : 저항 R만의 부하($\cos\theta = 1$)

③ 위상 : 전압과 전류가 동상

④ 전기자전류에 의한 기자력과 주자속이 서로 직각

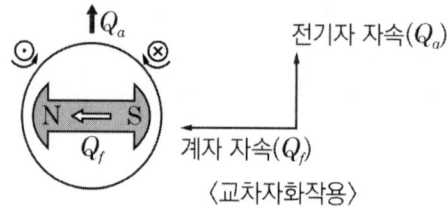

〈교차자화작용〉

(2) 직축반작용 : 감자작용

① 적용성분 : $I\sin\theta$

② 부하 : 코일(L)만의 부하($\cos\theta = 0$)

③ 위상 : 전류가 기전력보다 90° 뒤진 지상

④ 전기자 자속이 주자속과 반대 방향으로 유도기전력이 작아지는 현상

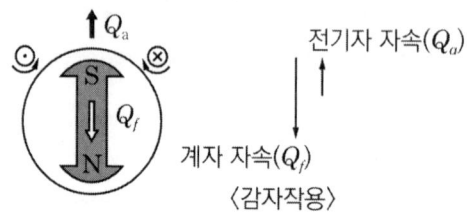

〈감자작용〉

(3) 직축반작용 : 증자작용

① 적용성분 : $I\sin\theta$

② 부하 : 콘덴서(C)만의 부하($\cos\theta = 0$)

③ 위상 : 전류가 기전력보다 90° 앞선 진상

④ 전기자 자속이 주자속과 같은 방향으로 유도기전력이 커지는 현상

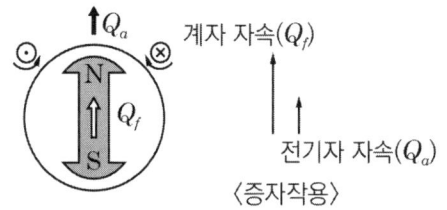

〈증자작용〉

예제 05

동기발전기에서 전기자전류를 I, 역률을 $\cos\theta$ 라 하면 횡축반작용을 하는 성분은?

① $I\cos\theta$ ② $I\cot\theta$ ③ $I\sin\theta$ ④ $I\tan\theta$

해설 동기발전기의 전기자반작용

- 횡축반작용 : $I\cos\theta$ 성분
- 직축반작용 : $I\sin\theta$ 성분

정답 ①

예제 06

3상 동기발전기에 무부하전압보다 90° 늦은 전기자전류가 흐를 때 전기자반작용은?

① 교차자화작용을 한다. ② 자기여자작용을 한다.
③ 감자작용을 한다. ④ 증자작용을 한다.

해설 동기발전기의 전기자반작용

정답 ③

2 동기임피던스

(1) %동기임피던스

① 정격상전압에 대한 임피던스강하의 비

② 공식

$$\%Z_s = \frac{I_n Z_s}{E} \times 100$$

③ 발전공식 유도

$$\%Z_s = \frac{I_n Z_s}{E} \times 100 = \frac{I_n Z_s}{\frac{V}{\sqrt{3}}} \times 100 = \frac{\sqrt{3}\,I_n Z_s}{V} \times 100 = \frac{\sqrt{3}\,VI_n Z_s}{V^2} \times 100$$

단위가 [kV]로 주어지므로 $\Rightarrow = \dfrac{\sqrt{3}\,(V \times 10^3) I_n Z_s}{(V \times 10^3)^2} \times 100 = \boxed{\dfrac{P \cdot Z_s}{10\,V^2}}$

(2) %동기리액턴스

① 정격상전압에 대한 리액턴스강하의 비

② 공식 : $\%X_s = \dfrac{I_n X_s}{E} \times 100$

(3) %저항

① 정격상전압에 대한 저항강하의 비

② 공식 : $\%R = \dfrac{I_n R}{E} \times 100$

3 단락 현상

(1) 무부하 포화곡선과 단락곡선

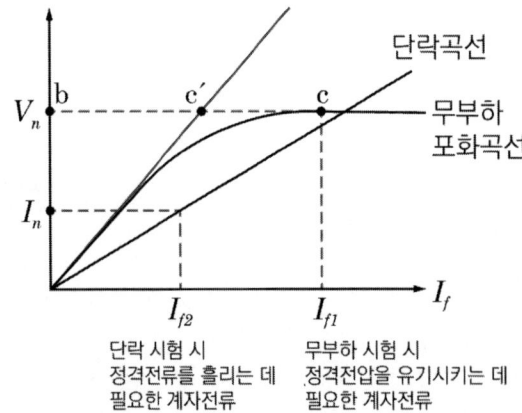

(2) 단락전류

① 단락전류 $I_s = \dfrac{E}{Z_s} =$

② 정격전류 $I_n = \dfrac{E}{Z_s + Z_L}$

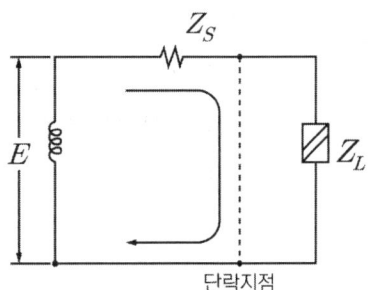

예제 07

3상 동기발전기의 여자전류 5 [A]에 대한 1상의 유기기전력이 600 [V]이고 그 3상 단락전류는 30 [A]이다. 이 발전기의 동기임피던스(Ω)는?

① 10　　　　② 20　　　③ 30　　　　④ 40

해설 동기임피던스

단락전류 $I_s = \dfrac{E}{Z_s}$, $\quad Z_s = \dfrac{E}{I_s} = \dfrac{600}{30} = 20\,[\Omega]$

정답 ②

(3) 단락전류의 특징

① 임피던스가 최소인 상태에서 흐르는 전류
② 처음에는 크나 점차 감소
③ 단락 전·후 전원전압(E)은 불변
④ 단락전류의 제한
  - 돌발 단락전류 : 누설리액턴스가 제한
  - 영구(지속) 단락전류 : 동기리액턴스가 제한

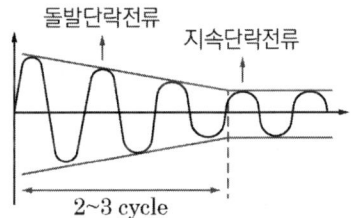

(4) 단락비

$$K_s = \dfrac{I_s}{I_n} = \dfrac{100}{\%Z}$$

① 발전기의 단락비
  - 수차발전기 : 0.9 ~ 1.2
  - 터빈발전기 : 0.6 ~ 1.0

② 단락비가 클 때의 특징
- 철손이 크며 효율이 낮다.
- 전압변동률, 전압강하, 전기자반작용이 작다.
- 안정도가 높다.
- 선로 충전용량이 커진다.
- 동기임피던스가 작다.
- 중량과 공극이 크다.
- 과부하 내량이 증가한다(가격 상승).
- 계자철심이 크고, 주 자속이 크다.

예제 08

임피던스전압강하 4 [%]의 변압기가 운전 중 단락되었을 때 단락전류는 정격전류의 몇 배가 흐르는가?

① 15　　　② 20　　　③ 25　　　④ 30

[해설] 단락비

$$K = \frac{I_s}{I_n} = \frac{100}{\%Z} \qquad I_s = \frac{100}{\%Z} I_n$$

$$\therefore I_s = \frac{100}{4} \times I_n = 25 I_n$$

정답 ③

예제 09

정격전압 6000 [V], 용량 5000 [kVA]의 Y결선 3상 동기발전기가 있다. 여자전류 200 [A]에서의 무부하 단자전압 6000 [V], 단락전류 600 [A]일 때, 이 발전기의 단락비는 약 얼마인가?

① 0.25　　　② 1　　　③ 1.25　　　④ 1.5

[해설] 단락비 (K_s)

$$K_s = \frac{I_s}{I_n} = \frac{I_s}{\frac{P_n}{\sqrt{3} V_n}} = \frac{600}{\frac{5000}{\sqrt{3} \times 6}} = 1.25$$

정답 ③

4 자기여자

(1) 자기여자 현상 : 동기발전기에 용량성 부하를 접속시키면 진상전류가 흘러 증자작용으로 인해 주자속이 증가하여 발전기에 여자를 가하지 않아도 전기자권선에 기전력이 유도되는 현상

(2) 자기여자 방지법
① 발전기 2대 또는 3대를 병렬로 모선에 접속
② 수전단에 동기 조상기를 접속 후 부족여자로 하여 지상전류를 취해 충전전류를 감소
③ 송전 선로의 수전단에 변압기를 접속
④ 수전단에 리액턴스를 병렬로 접속
⑤ 단락비가 큰 기기를 사용

05 동기발전기의 병렬운전

1 동기발전기의 병렬운전 조건

(1) 파형이 같은 기전력
① 파형이 다르면 고조파 무효순환전류가 발생
② 고조파 순환전류는 동손을 발생시키고 온도상승의 원인이 됨

(2) 주파수가 같은 기전력
① 주파수가 다르면 난조가 발생
② 제동권선을 이용하여 난조를 방지

(3) 위상이 같은 기전력
① 동기화 전류 : 위상이 다를 때 발생하는 전류 $I_s = \dfrac{E_1}{Z_s} \sin \dfrac{\delta}{2}$ [A]

② 수수전력 : 위상을 같게 만들기 위해 주고받는 전력 $P = \dfrac{E_1^2}{2Z_s} \sin \delta$ [W]

③ 동기화력 : $P = \dfrac{E_1^2}{2Z_s} \cos \delta$ [W]

예제 10

2대의 3상 동기발전기를 동일한 부하로 병렬운전하고 있을 때 대응하는 기전력 사이에 60°의 위상차가 있다면 한 쪽 발전기에서 다른 쪽 발전기에 공급되는 1상당 전력은 약 몇 [kW]인가? (단, 각 발전기의 기전력(선간)은 3300 [V], 동기리액턴스는 5 [Ω]이고 전기자저항은 무시한다)

① 181 ② 314 ③ 363 ④ 720

해설 수수전력

$$P = \frac{E^2}{2Z_s} \sin\delta = \frac{\left(\frac{3300}{\sqrt{3}}\right)^2}{2 \times 5} \times \sin 60° = 314367 \text{ [W]}$$

$$\therefore P = 314 \text{[kW]}$$

정답 ②

(4) 크기가 같은 기전력

① 무효순환전류 : 크기가 다를 때 큰 쪽에서 작은 쪽으로 흐르는 전류

$$I_c = \frac{E_1 - E_2}{2Z_s} \text{ [A]}$$

② 기전력의 크기를 같게 하기 위해 여자전류를 조절

(5) 3상인 경우 병렬운전 시 추가 조건 : 상회전이 같은 기전력

예제 11

2대의 동기발전기를 병렬운전할 때, 무효횡류(무효순환전류)가 흐르는 경우는?

① 부하 분담의 차가 있을 때
② 기전력의 위상차가 있을 때
③ 기전력의 파형에 차가 있을 때
④ 기전력의 크기에 차가 있을 때

해설 무효순환전류

- 발전기 기전력의 크기가 다를 경우 발생
- 무효순환전류 $I_c = \frac{E_1 - E_2}{2Z_s}$ [A]

정답 ④

2 부하분담

(1) 유효전력 분담
   ① 원동기의 속도를 증가시키면 유효전력의 분담 증가
   ② 원동기의 속도를 감소시키면 유효전력의 분담 감소

(2) 무효전력 분담
   ① 계자전류의 변화로 발전기의 역률을 조정
   ② 계자전류 증가 시 발전기의 특성비교

구분	계자전류 증가시킨 발전기	병렬운전 중인 발전기
자속	증가	불변
유기기전력	증가	불변
유효분(전력, 전류)	불변	불변
무효분(전력, 전류)	지상분 증가	진상분 증가
역률	감소	상승

예제 12

병렬운전 중인 A, B 두 동기발전기 중 A발전기의 여자를 B발전기보다 증가시키면 A발전기는?

① 동기화전류가 흐른다.
② 부하전류가 증가한다.
③ 90° 진상전류가 흐른다.
④ 90° 지상전류가 흐른다.

해설 동기발전기의 병렬운전(G_1 여자증가 시)

위 특성 비교표 참조

정답 ④

06 동기전동기의 특성 및 용도

1 동기전동기의 특성

(1) 동기전동기의 구조와 원리
① 계자가 회전하는 회전계자형
② 유도전동기와 같은 구조와 원리
③ 동기발전기와 구조가 동일하고 방향만 반대
④ 전기자의 권선에 3상 교류 전압을 인가하면 회전자기장이 만들어지고, 계자가 동기속도로 회전

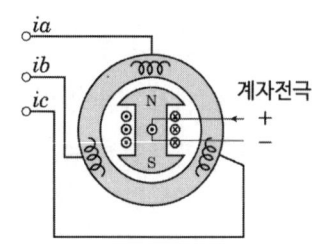

(2) 동기전동기의 장점
① 역률 1로 운전이 가능
② 필요시 지상(리액터), 진상(콘덴서)으로 변환이 가능
③ 정속도전동기(속도 불변)
④ 유도기에 비해 좋은 효율

(3) 동기전동기의 단점
① 기동 토크가 발생하지 않아서 기동장치, 여자전원이 필요
② 속도 조정이 곤란
③ 난조 발생

(4) 동기속도

$$N_s = \frac{120f}{P} \text{ [rpm]}$$

(5) 용도 : 압축기, 분쇄기, 송풍기 등

예제 13

다음 중 역률이 가장 좋은 전동기는?
① 단상 유도전동기
② 3상 유도전동기
③ 동기전동기
④ 반발전동기

> **해설** 동기전동기
>
> 동기전동기는 계자 전류의 크기를 조정하여 역률을 항상 1로 운전할 수 있다.
>
> **정답** ③

2 동기전동기의 출력 및 토크

(1) 동기전동기의 출력

$$P = \frac{EV}{x_s} \sin\delta \, [\text{W}]$$

E : 유도기전력, V : 단자전압, x_s : 동기리액턴스, δ : 부하각

(2) 동기전동기의 토크
  ① 동기전동기의 기동 토크는 0(Zero)
  ② 기동 토크를 얻기 위해 제동권선을 기동권선으로 사용
  ③ 토크는 공급전압에 비례 ($T \propto V$)

3 위상특성곡선

(1) 위상특성곡선(V곡선)
  ① 단자전압과 부하를 일정하게 했을 때 계자전류(여자전류) 변화에 대한 전기자전류의 크기와 위상 변화를 나타낸 곡선
  ② 부하가 클수록 그래프는 위쪽에 위치

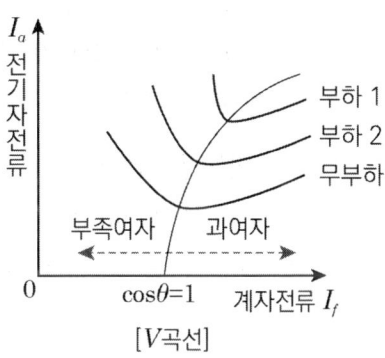

(2) 여자가 약할 때(부족여자)
  ① 지상역률을 가지며 리액터로 작용
  ② 계자전류와 전기자전류 증가

(3) 여자가 강할 때(과여자)
  ① 진상역률을 가지며 콘덴서로 작용
  ② 계자전류는 감소하고 전기자전류는 증가

(4) $\cos\theta = 1$일 때
  ① I와 V가 동상
  ② 전기자전류는 최소

예제 14

출력과 속도가 일정하게 유지되는 동기전동기에서 여자를 증가시키면 어떻게 되는가?

① 토크가 증가한다.
② 난조가 발생하기 쉽다.
③ 유기기전력이 감소한다.
④ 전기자전류의 위상이 앞선다.

해설 동기전동기의 위상특성곡선(V곡선)

- 계자전류(여자전류) 증가 : 진상
- 계자전류(여자전류) 감소 : 지상

정답 ④

4 동기전동기의 전기자반작용

(1) 횡축반작용(교차자화작용)

① 적용성분 : $I\cos\theta$
② 부하 : 저항 R만의 부하($\cos\theta = 1$)
③ 위상 : 전압과 전류가 동상
④ 전기자전류에 의한 기자력과 주자속이 서로 직각

(2) 직축반작용 : 감자작용

① 적용성분 : $I\sin\theta$
② 부하 : 콘덴서(C)만의 부하($\cos\theta = 0$)
③ 위상 : 전류가 기전력보다 90° 앞선 진상
④ 전기자 자속이 주자속과 반대 방향으로 유도기전력이 작아지는 현상

(3) 직축반작용 : 증자작용

① 적용성분 : $I\sin\theta$
② 부하 : 코일(L)만의 부하 ($\cos\theta = 0$)
③ 위상 : 전류가 기전력보다 90° 뒤진 지상
④ 전기자 자속이 주자속과 같은 방향으로 유도기전력이 커지는 현상

(4) 발전기와 전동기의 전기자반작용 비교 정리

구분	위상차	발전기	전동기
R(저항, $\cos\theta = 1$)	동상	교차자화작용	
L(유도성, 지상전류)	90°	감자작용	증자작용
C(용량성, 진상전류)	90°	증자작용	감자작용

예제 15

동기전동기에서 90° 앞선 전류가 흐를 때 전기자반작용은?

① 감자작용 ② 증자작용
③ 편자작용 ④ 교차자화작용

해설 동기전동기의 전기자반작용
- 앞선전류 : 감자작용
- 뒤진전류 : 증자작용

정답 ①

07 동기조상기

1 동기조상기의 특성

(1) 동기조상기의 역할
   ① 전압조정과 역률의 개선을 위하여 송전 계통에 접속한 무부하의 동기전동기
   ② 역률 개선 시 무효전력과 피상전력이 감소
   ③ 유도부하와 병렬로 접속

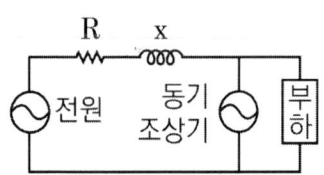

(2) 동기조상기의 용량

$$Q = P(\tan\theta_1 - \tan\theta_2) \, [\text{kVA}]$$

θ_1 : 개선 전 역률각, θ_2 : 개선 후 역률각

예제 16

3상 전원의 수전단에서 전압 3300 [V], 전류 1000 [A], 뒤진 역률 0.8의 전력을 받고 있을 때 동기조상기로 역률을 개선하여 1로 하고자 한다. 필요한 동기조상기의 용량은 약 몇 [kVA]인가?

① 1525
② 1950
③ 3150
④ 3429

해설 조상기의 용량

$Q = P(\tan\theta_1 - \tan\theta_2)$

개선 후 역률이 1이므로 역률각 $\theta_2 = 0$

$Q = \sqrt{3}\, VI\cos\theta_1 (\tan\theta_1) = \sqrt{3}\, VI\cos\theta_1 \left(\dfrac{\sin\theta_1}{\cos\theta_1}\right) = \sqrt{3}\, VI\sin\theta_1$

$\quad = \sqrt{3} \times 3300 \times 1000 \times 0.6 = 3429460\,[\text{VA}]$

∴ $Q = 3429\,[\text{kVA}]$

정답 ④

2 동기조상기의 운전

(1) 과여자로 운전 시
   ① 진상무효전류가 증가하여 콘덴서로서의 역할
   ② 부하의 지상 전류를 보상
   ③ 송전 선로의 역률을 좋게 하고 전압강하를 감소시킴

(2) 부족여자로 운전 시
   ① 지상무효전류가 증가하여 리액터로서의 역할
   ② 자기여자에 의한 전압 상승을 방지

CHAPTER 03 전력변환기

01 정류용 반도체 소자

1 다이오드

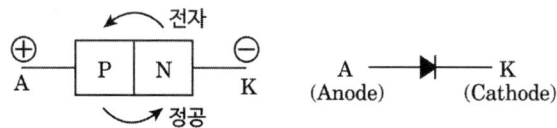

(1) 다이오드의 특성
　① 단방향성 소자로 양극(애노드)와 음극(캐소드)으로 구성
　② PN 접합구조
　③ 교류를 직류로 변환하는 반도체 정류소자
　④ Anode에 (-), Cathode에 (+)을 가하면 역방향 바이어스가 되어 OFF
　⑤ 다이오드 직렬 추가 : 과전압으로부터 보호하여 입력전압 증가
　⑥ 다이오드 병렬 추가 : 과전류로부터 보호하여 허용 전류 증가

(2) 다이오드의 종류
　① 정류용 다이오드 : 교류를 직류로 변환하는 정류회로
　② 일반용 다이오드 : 스위칭, 검파용 다이오드
　③ 제너 다이오드 : 정전압 특성을 이용한 회로
　④ 발광 다이오드 : 발광 특성을 이용한 LED회로
　⑤ 포토 다이오드 : 카메라 노출계에 사용되는 광센서회로

예제 01

전압이나 전류의 제어가 불가능한 소자는?
① SCR　　　② GTO　　　③ IGBT　　　④ Diode

해설 다이오드

전압이나 전류를 제어하기 위해서는 게이트가 필요하나 Diode는 게이트가 없다

정답 ④

2 SCR(Silicon Controlled Rectifier)

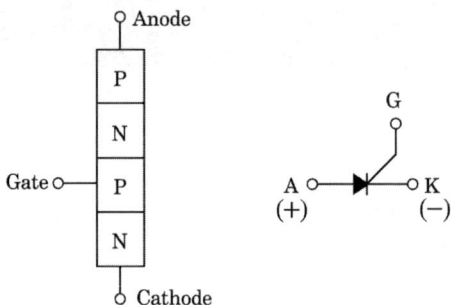

(1) SCR의 구조

　① PNPN 접합 구조

　② 3개의 단자로 구성 : A(Anode), K(Cathode), G(Gate)

　③ 순방향으로만 작동하는 역저지 단방향 사이리스터

(2) SCR의 동작원리

　① 순방향 전압 인가 후 Gate에 전류를 흘리면 도통

　② 도통된 후 Gate 전류를 차단해도 도통 상태가 유지

　③ SCR의 소호(Off)

　　• 역전압이 걸리면 소호

　　• 소호 후 순방향 전압을 인가해도 Gate를 점호하기 전까지는 도통 불가

　④ 래칭전류 : 도통(Turn On)시키기 위해 게이트로 흘려야 할 최소전류(80 [mA])

　⑤ 유지전류 : ON된 후에 ON 상태를 유지하기 위한 최소전류(20 [mA])

(3) SCR의 특징

　① 열용량이 적어서 고온에 약하므로 열의 발생이 작고 과전압에도 약함

　② 전류가 흐르고 있을 때 양극의 전압강하가 적음

　③ 전류기능을 갖는 단방향성 3소자

　④ 역률각 이하에서는 제어불가

　⑤ Gate를 이용한 소호가 불가

　⑥ 직류, 교류에서 모두 사용 가능

예제 02

SCR에 관한 설명으로 틀린 것은?

① 3단자 소자이다.
② 전류는 애노드에서 캐소드로 흐른다.
③ 소형의 전력을 다루고 고주파 스위칭을 요구하는 응용 분야에 주로 사용된다.
④ 도통 상태에서 순방향 애노드전류가 유지전류 이하로 되면 SCR은 차단상태로 된다.

해설 SCR(사이리스터)

- 고주파 스위칭을 요구하는 응용 분야에 주로 사용되는 것은 MOSFET이다.

정답 ③

3 GTO(Gate Turn-Off Thyristor)

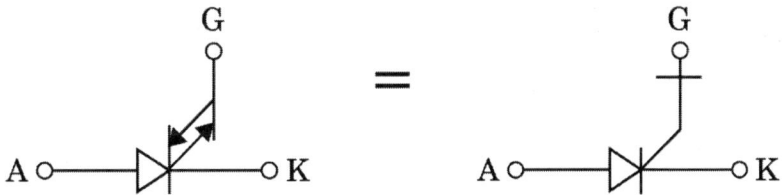

(1) GTO의 구조

① SCR과 같이 A(Anode), K(Cathode), G(Gate)의 단자로 구성
② 단방향성 3단자 사이리스터 소자

(2) GTO의 특성

① 오프(Off) 상태에서의 양방향 전압저지능력
② 자기소호능력
③ 게이트에 정(+)의 게이트전류를 흘리면 턴온(Turn-on)
④ 게이트에 부(-)의 게이트전류를 흘리면 턴오프(Turn-off)

4 트라이액(Triode Switch for AC)

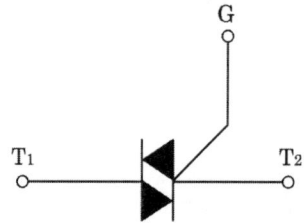

(1) TRIAC의 구조
   ① 양방향 도통 3단자소자
   ② 2개의 SCR을 역병렬접속한 것과 동일
   ③ 주단자(T1, T2) 와 제어단자(G : gate)로 구성

(2) TRIAC의 특성
   ① Gate에 전류를 흘리면 어느 방향이건 전압이 높은 쪽에서 낮은 쪽으로 도통
   ② 전류 방향이 바뀌면 소호되고, 소호된 후 다시 점호할 때까지 차단 상태가 유지된다.
   ③ 턴온(Turn-on) 되면 전류가 '0'으로 떨어진 후 스위칭이 가능
   ④ 고전류, 고전압에서 사용 불가

예제 03

트라이액(Triac)에 대한 설명으로 틀린 것은?

① 쌍방향성 3단자 사이리스터이다.
② 턴오프 시간이 SCR보다 짧으며 급격한 전압변동에 강하다.
③ SCR 2개를 서로 반대 방향으로 병렬 연결하여 양방향 전류제어가 가능하다.
④ 게이트에 전류를 흘리면 어느 방향이든 전압이 높은 쪽에서 낮은 쪽으로 도통한다.

해설 TRIAC (트라이액)

• 턴오프 시간이 짧지 않다.

정답 ②

5 BJT(Bipolar Junction Transistor)

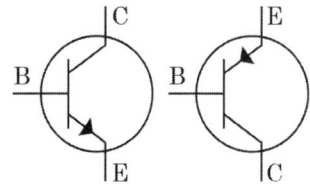

(1) BJT의 구성

① P형과 N형 반도체를 3개 층으로 접합한 구조

② 베이스(B), 이미터(E), 콜렉터(C) 3개의 전극으로 구성

③ PNP형 또는 NPN형의 양극성 접합 트랜지스터

(2) BJT의 특징

① 전극에 가해진 전압이나 전류를 제어해서 신호를 증폭하거나, 스위치 역할을 하는 반도체 소자

② 일반적으로 턴-온 상태에서의 전압강하가 전력용 MOSFET보다 작아 전력손실이 적다.

③ 베이스전류로 콜렉터와 이미터 간의 전류를 제어하는 전류제어형 소자

6 IGBT(Insulated Gate Bipolar Transistor)

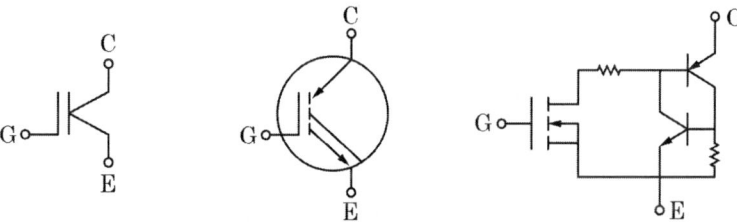

(1) IGBT의 구조

① MOSFET+ BJT + GTO의 결합형태

② 게이트 - 이미터 간 전압이 구동되어 입력 신호에 의해서 온/오프가 생기는 자기소호형소자

(2) IGBT의 특징

① 빠른 스위칭 속도

② 게이트와 이미터 사이의 입력 임피던스가 매우 커서 BJT보다 구동이 쉽다.

③ GTO와 같은 역방향 전압저지 특성을 가진다.

④ 고전압 대전류 고속도 스위칭을 위해 턴-온(Turn-on) 또는 턴-오프(Turn-off) 시 높은 서지전압이 발생

⑤ BJT처럼 On-drop이 전류에 관계없이 낮고 거의 일정하며, MOSFET보다 훨씬 큰 전류를 흘려보내는 것이 가능

예제 04

IGBT의 특징으로 틀린 것은?

① MOSFET처럼 전압제어 소자이다.
② GTO처럼 역방향 전압저지 특성을 가진다.
③ BJT처럼 온드롭(On-drop)이 일정한 전류제어 소자이다.
④ 게이트 - 이미터 간 입력임피던스가 매우 작아 BJT보다 구동하기 쉽다.

해설 IGBT의 특징

- 게이트와 이미터 사이의 입력 임피던스가 매우 커서 BJT보다 구동하기 쉽다.

정답 ④

7 MOSFET(MOS Field Effect Transistor)

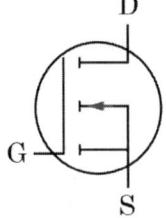
N채널 증가형

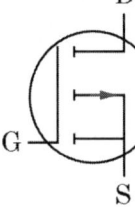
P채널 증가형

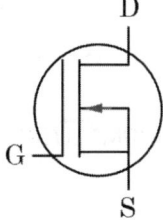
N채널 공핍형

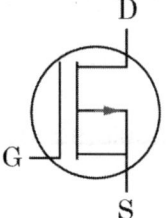
P채널 공핍형

(1) MOSFET의 종류

① 증가형 : 게이트의 전압이 0 [V]일 때, 채널이 형성되지 않기 때문에 외부 바이어스 전압을 가하지 않으면 전류가 거의 흐르지 못한다(상시 차단소자).

② 공핍형 : 게이트 전압이 0 [V]일 때에도 채널이 존재하고 게이트 전압을 변화시키면 채널의 폭이 바뀌게 된다.

(2) MOSFET의 특징

① 온/오프(On/Off)제어가 가능한 소자
② 비교적 스위칭 시간이 짧아 높은 스위칭 주파수로 사용 가능
③ 소형의 전력을 다루고 고주파 스위칭을 요구하는 응용분야에 주로 사용

예제 05

트랜지스터에 비해 스위칭 속도가 매우 빠른 이점이 있는 반면에 용량이 적어서 비교적 저전력용에 주로 사용되는 전력용 반도체 소자는?

① SCR   ② GTO   ③ IGBT   ④ MOSFET

해설 반도체 소자(MOSFET)

비교적 스위칭 시간이 짧아 높은 스위칭 주파수로 사용할 수 있다.

정답 ④

8 반도체 단자정리

구분	단방향성	양방향성
2단자	Diode	SSS, DIAC
3단자	SCR	TRIAC
3단자	GTO	TRIAC
3단자	LA SCR	TRIAC
4단자	SCS	-

02 정류회로의 종류

1 반파정류회로

(1) 단상 반파정류회로

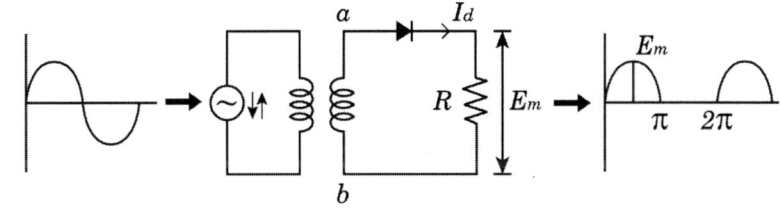

① 직류전압

$$E_d = \frac{\sqrt{2}}{\pi} E = 0.45E \text{ [V]}$$

② 직류전류

$$I_d = 0.45 \cdot \frac{E}{R} \, [\text{A}]$$

③ 최대 역전압 : $PIV = \sqrt{2}\,E = \pi E_d$

예제 06

단상 반파정류회로에서 평균 직류전압 200 [V]를 얻는 데 필요한 변압기 2차 전압은 약 몇 [V]인가? (단, 부하는 순저항이고 정류기의 전압강하는 15 [V]로 한다)

① 400 ② 478 ③ 512 ④ 642

해설 단상 반파정류회로

$E_d = \dfrac{\sqrt{2}}{\pi}E - e = 0.45E - e \;\Rightarrow\; 200 = 0.45E - 15$

$\therefore E = \dfrac{200 + 15}{0.45} = 478\,[\text{V}]$

정답 ②

(2) 3상 반파정류회로

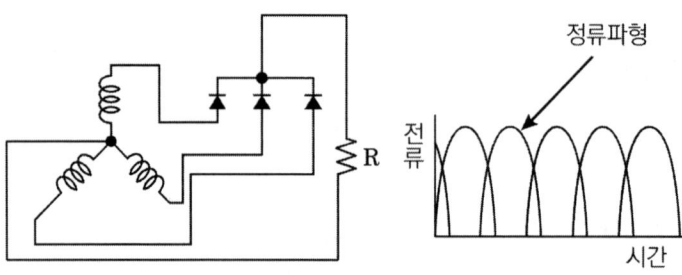

① 직류전압

$$E_d = \frac{3\sqrt{6}}{2\pi}E = 1.17E\,[\text{V}]$$

② 직류전류

$$I_d = \frac{E_d}{R} = 1.17\frac{E}{R}\,[\text{A}]$$

2 전파정류회로

(1) 단상 전파정류회로(다이오드 2개 사용)

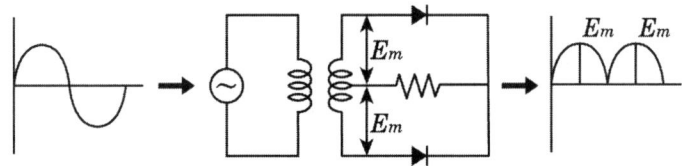

① 직류전압

$$E_d = \frac{2\sqrt{2}}{\pi} E = 0.9E \, [\text{V}]$$

② 직류전류

$$I_d = \frac{2\sqrt{2}}{\pi} \frac{E}{R} = 0.9 \frac{E}{R} \, [\text{A}]$$

③ 최대 역전압 : $PIV = 2\sqrt{2}\,E = \pi E_d$

예제 07

단상 전파정류로 직류 450 [V]를 얻는 데 필요한 변압기 2차 권선의 전압은 몇 [V]인가?

① 525 ② 500 ③ 475 ④ 465

해설 단상 전파정류

$E_d = 0.9E$

$\therefore E = \dfrac{E_d}{0.9} = \dfrac{450}{0.9} = 500 \, [V]$

정답 ②

(2) 3상 전파정류회로

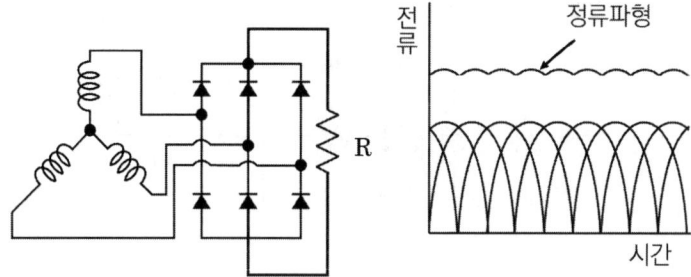

① 직류전압

$$E_d = \frac{3\sqrt{2}}{\pi}E = 1.35E \,[\text{V}]$$

② 직류전류

$$I_d = \frac{E_d}{R} = 1.35\frac{E}{R}\,[\text{A}]$$

(3) 브리지정류회로(Diode 4개 사용)

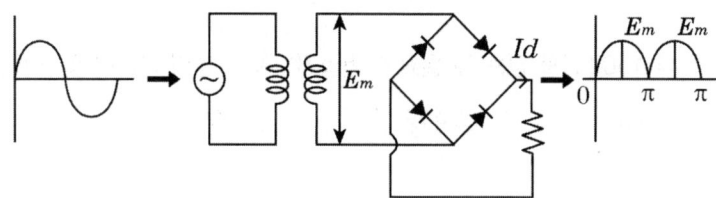

① 직류전압

$$E_d = \frac{2\sqrt{2}}{\pi}E = 0.9E\,[\text{V}]$$

② 직류전류

$$I_d = \frac{2\sqrt{2}}{\pi}\frac{E}{R} = 0.9\frac{E}{R}\,[\text{A}]$$

③ 최대 역전압 : $PIV = \sqrt{2}\,E = \frac{\pi}{2}E_d$

예제 08

단상 전파정류회로를 구성한 것으로 옳은 것은?

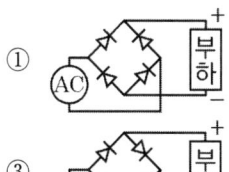

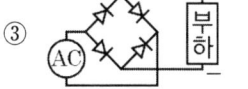

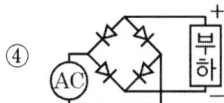

해설 단상 전파정류회로

아래 회로와 같이 부하에 전류가 한 방향으로 흐르게 하는 다이오드의 결선을 해야 한다.

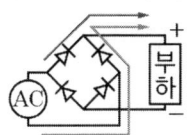

정답 ①

3 사이리스터 정류회로

(1) 단상 반파정류회로

① 저항만의 부하

$$E_d = \frac{\sqrt{2}\,E_a}{\pi}\left(\frac{1+\cos\alpha}{2}\right) = 0.45E\left(\frac{1+\cos\alpha}{2}\right) [\text{V}]$$

② 유도성 부하(부하전류가 연속하는 경우)

$$E_d = \frac{\sqrt{2}\,E_a}{\pi}\cos\alpha = 0.45E\cos\alpha \, [\text{V}]$$

(2) 단상 전파정류회로

① 저항만의 부하

$$E_d = \frac{2\sqrt{2}}{\pi}E_a\left(\frac{1+\cos\alpha}{2}\right) = 0.9E\left(\frac{1+\cos\alpha}{2}\right) [\text{V}]$$

② 유도성 부하(부하전류가 연속하는 경우)

$$E_d = \frac{2\sqrt{2}\,E_a}{\pi}\cos\alpha = 0.9E\cos\alpha \, [\text{V}]$$

예제 09

SCR을 사용한 단상 브리지정류회로에 의하여 실횻값 200 [V]의 교류 전압을 정류할 경우 직류출력전압(V)은? (단, 제어각은 30도이다)

① 87.6   ② 120.5   ③ 155.9   ④ 173.2

해설 단상전파 정류회로의 직류전압

- 직류전압 $E_d = \dfrac{2\sqrt{2}E}{\pi}\left(\dfrac{1+\cos\alpha}{2}\right) = 0.9E\left(\dfrac{1+\cos\alpha}{2}\right)$ [V]

- 단, 부하전류가 연속하거나 인덕턴스가 ∞인 경우 직류전압(E_d)은

$$E_d = \dfrac{2\sqrt{2}}{\pi}E\cos\alpha = 0.9E\cos\alpha$$

문제에서 조건이 없지만 부하전류가 연속인 경우의 식을 이용해야만 보기 중의 답이 나온다.

∴ $E_d = 0.9 \times 200 \times \dfrac{\sqrt{3}}{2} = 155.9[V]$

정답 ③

(3) 3상 반파정류회로(유도성 부하)

$$E_d = 1.17E\cos\alpha \,[\text{V}]$$

(4) 3상 전파정류회로(유도성 부하)

$$E_d = 1.35E\cos\alpha \,[\text{V}]$$

03 정류회로의 특성

1 정류효율과 맥동률

(1) 정류효율

$$\eta = \frac{직류출력}{교류출력} \times 100 \, [\%]$$

(2) 맥동률

정류된 직류에 교류 성분이 얼마나 포함되어 있는지 나타낸 비율

$$맥동률 = \frac{교류분}{직류분} \times 100 \, [\%]$$

예제 10

어떤 정류기의 출력전압 평균값이 2000 [V]이고, 맥동률이 3 [%]이면 교류분은 몇 [V]가 포함되어 있는가?

① 20   ② 30   ③ 60   ④ 70

해설 맥동률과 교류분

$$맥동률 = \frac{교류분}{직류분} \times 100 \, [\%]$$

$$교류분 = 직류분 \times 맥동률 = 2000 \times 0.03 = 60 \, [V]$$

정답 ③

(3) 정류회로의 비교

※ 맥동률 : 파형이 출렁이는 정도

구분	정류효율[%]	맥동률[%]	맥동주파수
단상 반파	40.6	121	$f_0 = f_i$
단상 전파	81.2	48.2	$f_0 = 2f_i$
3상 반파	117	18.3	$f_0 = 3f_i$
3상 전파	135	4.2	$f_0 = 6f_i$

f_0 : 맥동(출력)주파수, f_i : 인가(입력)주파수

2 난조

(1) 난조 발생
  ① 브러시 위치가 중성축보다 뒤에 있을 때
  ② 부하가 급변할 때
  ③ 역률이 저하될 때
  ④ 저항이 리액턴스보다 클 때

(2) 방지 대책
  ① 제동권선을 사용
  ② 저항보다 리액턴스 값을 크게 할 것
  ③ 자극수를 적게 하여 기계각과 전기각의 차이를 작게 할 것

04 제어정류기

1 직류전력변환기

(1) 인버터회로
  ① 직류전력을 교류전력으로 변환하는 장치
  ② 특징에 따른 분류 : 전압형, 전류형
  ③ 제어방식에 따른 분류 : VVVF, CVCF

(2) 초퍼
  ① 직류전력을 다른 크기의 직류전력으로 변환하는 장치
  ② 분류 : 벅 컨버터(강압용), 부스트 컨버터(승압용), 벅-부스트 컨버터
  ③ 스위칭 소자로 GTO, 파워 트랜지스터 등을 사용

예제 11

직류전압을 직접 제어하는 것은?

① 초퍼형 인버터
② 3상 인버터
③ 단상 인버터
④ 브리지형 인버터

해설 직류전동기 초퍼제어

- 반도체 사이리스터(SCR)를 이용하여 직류전압을 직접 제어하는 방식
- 전기철도의 속도제어에 사용

정답 ①

2 교류전력변환기

(1) 컨버터

① 교류전력을 직류전력으로 변환하는 장치

② 교류와 직류 간의 변환, 교류의 주파수 상호 변환

(2) 사이클론 컨버터

① 주파수의 교류전력을 더 낮은 주파수의 교류전력으로 변환하는 장치

② 속도 범위를 포괄하는 재생능력이 있지만 제어회로가 복잡

③ 출력 주파수는 입력주파수의 약 1/3 이하

CHAPTER 04 변압기

01 변압기의 원리 및 구조

1 변압기의 원리

(1) 변압기의 정의
  ① 발전소에서 발전된 전력을 공장이나 가정에서 필요로 하는 전압으로 변환하는 기기
  ② 전기 Energy → 자기 Energy → 전기적 Energy

(2) 전자유도작용(Electro Magnetic)
  ① 철심 양쪽에 코일을 감고 1차 측에 교류전압 V_1을 가하면 전류 I_1가 흐르면서 자속이 발생
  ② 자속이 2차 코일과 쇄교하면서 2차 측에 전압 E_2가 유기

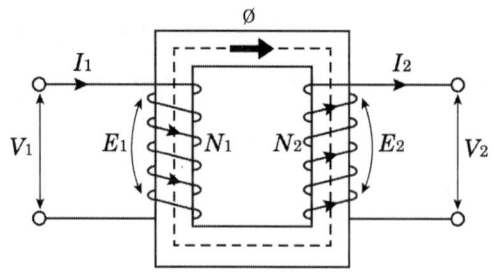

(3) 전압변성
  ① 강압용 : 고압 → 저압
  ② 승압용 : 저압 → 고압

2 변압기의 구조

(1) 철심
  ① 철손을 줄이기 위해 규소강판(규소함량 3~4 [%], 0.35 ~ 0.5[mm])을 성층하여 사용
  ② 자기 저항이 낮아야 좋음 (저항손 : 1 [%])
  ③ 고정손 : 철손 P_i이 대표적인 손실

(2) 권선

① 권선의 도체 : 소형(둥근 구리선), 대형(무명실, 에나멜 피복)

② 직권 : 철심에 직접 저압권선을 감고, 절연 후 고압권선을 감는 방법으로 소형 내철형에 사용

③ 형권 : 목제 권형이나 절연통의 형틀에 코일을 감아서 조립하는 방법

(3) 절연체

① 변압기 절연
- 철심과 권선 사이 절연
- 권선 상호 간의 절연
- 권선의 층간 절연

② 절연체는 절연물의 최고허용 온도로 구분

③ 변압기 절연물의 종류

종류	Y종	A종	E종	B종	F종	H종	C종
온도(℃)	90 이하	105 이하	120 이하	130 이하	155 이하	180 이하	180 초과

예제 01

변압기의 철심이 갖추어야 할 조건으로 틀린 것은?

① 투자율이 클 것
② 전기저항이 작을 것
③ 성층철심으로 할 것
④ 히스테리시스손 계수가 작을 것

해설 변압기의 철심

철심은 전류가 1차에서 2차로 흐르는 것을 막기 위해 전기저항이 커야 한다.

정답 ②

3 변압기의 권선법

(1) 내철형

① 철심이 안쪽에 있고 철심의 양쪽에 권선이 감겨져 있는 형태

② 고전압, 대용량에 적합

(2) 외철형

　① 권선이 안쪽에 있고 권선 양쪽을 철심이 둘러싸고 있는 형태

　② 저전압, 대전류에 적합

(3) 권철심형

　① 규소철심을 소용돌이 모양으로 만들어 사용하는 구조

　② 자기 특성이 매우 좋고 효율이 높은 특징

　③ 주상변압기, 소형변압기에 사용

4 변압기유의 열화

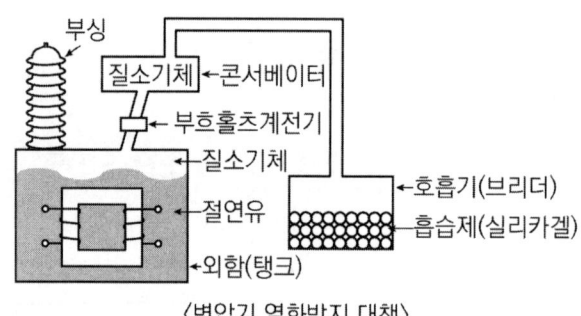

〈변압기 열화방지 대책〉

(1) 변압기유의 열화

　① 열화 발생원인 : 변압기의 호흡작용에 의해 고온의 절연유가 외부 공기와의 접촉에 의해 발생

　② 변압기 열화로 인한 문제점

　　• 절연내력 저하

　　• 냉각효과 감소

　　• 침식작용 발생

(2) 열화에 대한 대책

　① 콘서베이터 : 공기의 침입을 방지하여 기름의 열화 방지

　② 브리더 : 브리더를 통해 공기 중의 습기 흡수(흡습제 사용)

　③ 부흐홀츠계전기 : 변압기 내부 고장으로 인한 절연유의 온도 상승 시 발생하는 유증기를 검출하여 경보 및 차단

　④ 봉상온도계 : 변압기유 유온 측정

(3) 변압기유 구비조건

　① 절연 내력이 클 것
　② 점도가 낮고 유동성이 풍부할 것
　③ 비열이 커서 냉각효과가 클 것
　④ 인화점이 높고 응고점이 낮을 것
　⑤ 다른 물질과 화학반응을 일으키지 말 것
　⑥ 산화되지 않을 것

예제 02

변압기유가 갖추어야 할 조건으로 옳은 것은?

① 절연내력이 낮을 것
② 인화점이 높을 것
③ 비열이 적어 냉각효과가 클 것
④ 응고점이 높을 것

해설 변압기유 구비 조건

- 절연내력이 높을 것
- 응고점이 낮을 것
- 비열이 커서 냉각효과가 클 것

정답 ②

(4) 변압기 냉각방식

냉각 방식		약호
건식	건식 자냉식	AN
	건식 풍냉식	AF
	건식 밀폐 자냉식	ANAN
유입식	유입 자냉식	ONAN
	유입 풍냉식	ONAF
	유입 수냉식	ONWF
	송유 자냉식	OFAN
	송유 풍냉식	OFAF
	송유 수냉식	OFWF

예제 03

변압기의 냉각 방식 중 유입자 냉식의 표시 기호는?

① ANAN   ② ONAN   ③ ONAF   ④ OFAF

해설 냉각 방식의 분류

O : oil, F : forced, A : air, N : natural

정답 ②

02 변압기의 등가회로

1 변압기의 등가회로에 관련된 사항

(1) 변압기의 등가회로

변압기의 1,2차를 등가임피던스를 이용하여 단일회로로 표현

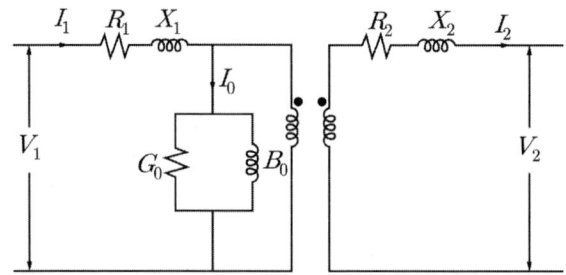

(2) 변압기의 유기기전력

1차 전압 $E_1 = 4.44fN\phi_m K_w \fallingdotseq V_1$

2차 전압 $E_2 = 4.44fN\phi_m K_w \fallingdotseq V_2$

예제 04

1차 전압 6900 [V], 1차 권선 3000회, 권수비 20의 변압기가 60 [Hz]에 사용할 때 철심의 최대 자속(Wb)은?

① 0.76×10^{-4}
② 8.63×10^{-3}
③ 80×10^{-3}
④ 90×10^{-3}

해설 변압기의 유기기전력

$$E = 4.44fN\phi_m$$

$$\phi_m = \frac{E}{4.44fN} = \frac{6900}{4.44 \times 60 \times 3000} = 8.63 \times 10^{-3} \, [Wb]$$

정답 ②

(3) 변압기의 권수비

$$a = \frac{E_1}{E_2} = \frac{N_1}{N_2} = \frac{V_1}{V_2} = \frac{I_2}{I_1} = \sqrt{\frac{Z_1}{Z_2}} = \sqrt{\frac{R_1}{R_2}}$$

예제 05

1차 측 권수가 1500인 변압기의 2차 측에 접속한 저항 16 [Ω]을 1차 측으로 환산했을 때 8 [kΩ]으로 되어 있다면 2차 측 권수는 약 얼마인가?

① 75
② 70
③ 67
④ 64

해설 변압기의 권수비

- $a = \dfrac{E_1}{E_2} = \dfrac{I_2}{I_1} = \dfrac{N_1}{N_2} = \sqrt{\dfrac{R_1}{R_2}}$

$$\therefore N_2 = \sqrt{\frac{R_2}{R_1}} \times N_1 = \sqrt{\frac{16}{8000}} \times 1500 = 67$$

정답 ③

2 2차를 1차로 환산한 회로

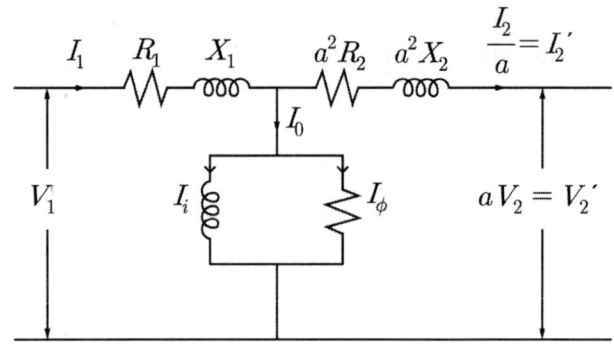

(1) 환산에 따른 변환값

① $V_2' = aV_2$, $I_2' = \dfrac{I_2}{a}$

② $R_2' = a^2 R_2$, $X_2' = a^2 X_2$, $Z_2' = a^2 Z_2$

(2) 전체 임피던스

① $R_{12} = R_1 + a^2 R_2$

② $X_{12} = X_1 + a^2 X_2$

$$Z_{12} = Z_1 + a^2 Z_2 \qquad |Z_{12}| = \sqrt{R_{12}^2 + X_{12}^2}$$

예제 06

전압비 3300/110 [V], 1차 누설임피던스 $Z_1 = 12 + j13\,[\Omega]$, 2차 누설임피던스 $Z_2 = 0.015 + j0.013\,[\Omega]$인 변압기가 있다. 1차로 환산된 등가임피던스[Ω]는?

① 22.7 + j25.5
② 24.7 + j25.5
③ 25.5 + j22.7
④ 25.5 + j24.7

해설 1차로 환산한 등가임피던스

권수비 $a = \dfrac{V_1}{V_2} = \dfrac{3300}{110} = 30$

$Z_{12} = Z_1 + a^2 Z_2$
$\quad = (12 + 30^2 \times 0.015) + j(13 + 30^2 \times 0.013) = 25.5 + j24.7\,[\Omega]$

정답 ④

3 1차를 2차로 환산한 회로

(1) 권수비에 따른 변환값

① $V_1' = \dfrac{1}{a} V_1, \quad I_1' = aI_1$

② $R_1' = \dfrac{1}{a^2} R_1, \quad X_1' = \dfrac{1}{a^2} X_1, \quad Z_1' = \dfrac{1}{a^2} Z_1$

(2) 임피던스 환산

① $R_{21} = \dfrac{1}{a^2} R_1 + R_2$

② $X_{21} = \dfrac{1}{a^2} X_1 + X_2$

$$Z_{21} = \dfrac{1}{a^2} Z_1 + Z_2, \quad |Z_{21}| = \sqrt{R_{21}^2 + X_{21}^2}$$

03 전압강하 및 전압변동률

1 전압변동률의 계산

(1) 전압변동률

변압기의 전압 변동률은 2차 측의 전압 변화를 기준으로 계산

$$\varepsilon_2 = \dfrac{V_{20} - V_{2n}}{V_{2n}} \times 100 [\%]$$

예제 07

어떤 단상변압기의 2차 무부하전압이 240 [V]이고 정격부하 시의 2차 단자전압이 230 [V]이다. 전압변동률은 약 몇 [%]인가?

① 2.35　　② 3.35　　③ 4.35　　④ 5.35

해설 전압변동률 (ϵ)

$$\epsilon = \dfrac{V_{20} - V_{2n}}{V_{2n}} \times 100 = \dfrac{240 - 230}{230} \times 100 = 4.35 \, [\%]$$

정답 ③

(2) %강하에 따른 전압변동률

$$\varepsilon = p\cos\theta \pm q\sin\theta \text{ (지상시 +, 진상시 −)}$$

p : %저항강하, q : %리액턴스강하

① 전압변동률의 최댓값 $\varepsilon_{\max} = \sqrt{p^2+q^2} = \%Z$

② 전압변동률이 최대일 때 역률 : $\cos\theta_{\max} = \dfrac{p}{\sqrt{p^2+q^2}}$

③ 전압변동률이 최소일 때 역률 : $\cos\theta_{\min} = \dfrac{q}{\sqrt{p^2+q^2}}$

예제 08

어떤 변압기의 백분율 저항강하가 2 [%], 백분율 리액턴스강하가 3 [%]라 한다. 이 변압기로 역률이 80 [%]인 부하에 전력을 공급하고 있다. 이 변압기의 전압변동률은 몇 [%]인가?

① 2.4 ② 3.4 ③ 3.8 ④ 4.0

해설 변압기의 전압변동률

$\epsilon = p\cos\theta \pm q\sin\theta$

$\epsilon = 2.0 \times 0.8 + 3 \times 0.6 = 1.6 + 1.8 = 3.4\,[\%]$

정답 ②

예제 09

어떤 변압기의 부하역률이 60 [%]일 때 전압변동률이 최대라고 한다. 지금 이 변압기의 부하역률이 100 [%]일 때 전압변동률을 측정했더니 3 [%]이었다. 이 변압기의 부하역률이 80 [%]일 때 전압변동률은 몇 [%]인가?

① 2.4　　　② 3.6　　　③ 4.8　　　④ 5.0

해설 변압기의 전압 변동률

$\epsilon = p\cos\theta \pm q\sin\theta \ (p = \%R, \ q = \%X)$

- $\cos\theta = 1$일 때 $\sin\theta = 0$, $\epsilon = p = 3$
- 전압변동률이 최대일 때 역률

$$\cos\theta_{max} = \frac{\%R}{\%Z} = \frac{p}{\sqrt{p^2+q^2}}$$

$\Rightarrow 0.6 = \dfrac{3}{\sqrt{3^2+q^2}}$ 에서 $q = 4$

∴ 부하역률이 80 [%]일 때 전압변동률

$\epsilon = 3 \times 0.8 + 4 \times 0.6 = 2.4 + 1.2 = 4.8 \ [\%]$

정답 ③

2 전압강하

(1) 인가전압과 손실

① 임피던스전압 : 변압기 2차 측 단락 상태에서, 1차 측에 정격전류가 흐르게 하기 위한 1차 측 인가전압

$$V_s = I_{1n} Z_{12} \ [\text{V}]$$

② 임피던스와트 : 1차 정격전류가 흐를 때 변압기 내에서 발생하는 동손

$$P_s = I_{1n}^2 R_{12} \ [\text{W}]$$

예제 10

정격출력 2 [kVA], 200/100 [V], 50 [Hz]의 변압기의 2차 단락시험 결과 임피던스전압 6.8 [V], 임피던스와트 60 [W]를 얻었다. 이 변압기의 2차를 1차로 환산한 저항(R_{12})과 리액턴스(X_{12})는?

① R_{12} = 0.68, X_{12} = 0.65
② R_{12} = 0.5, X_{12} = 0.32
③ R_{12} = 0.6, X_{12} = 0.32
④ R_{12} = 0.6, X_{12} = 0.4

해설 변압기의 환산

- $I_{1n} = \dfrac{P_n}{V_{1n}} = \dfrac{2 \times 10^3}{200} = 10 \, [A]$
- 임피던스전압 $V_s = I_{1n} Z_{12}$

    $Z_{12} = \dfrac{V_s}{I_{1n}} = \dfrac{6.8}{10} = 0.68 \, [\Omega]$

- 임피던스와트 $P_s = I_{1n}^2 R_{12}$

    $R_{12} = \dfrac{P_s}{I_{1n}^2} = \dfrac{60}{10^2} = 0.6 \, [\Omega]$

    $\therefore X_{12} = \sqrt{Z_{12}^2 - R_{12}^2} = \sqrt{0.68^2 - 0.6^2} = 0.32 \, [\Omega]$

정답 ③

(2) 임피던스강하

① %임피던스강하 : 정격전류에 의한 임피던스강하

$$\%Z = \dfrac{I_{2n} Z_{21}}{V_{2n}} \times 100 = \dfrac{I_{1n} Z_{12}}{V_{1n}} \times 100 = \dfrac{V_s}{V_{1n}} \times 100 \, [\%]$$

② %저항강하 : 정격전류에 의한 저항강하

$$p = \dfrac{I_{2n} R_{21}}{V_{2n}} \times 100 = \dfrac{I_{1n} R_{12}}{V_{1n}} \times 100 = \dfrac{I_{1n}^2 R_{12}}{V_{1n} I_{1n}} \times 100 = \dfrac{P_s}{P_n} \times 100 \, [\%]$$

③ %리액턴스강하 : 정격전류에 의한 리액턴스강하

$$q = \dfrac{I_{2n} X_{21}}{V_{2n}} \times 100 = \dfrac{I_{1n} X_{12}}{V_{1n}} \times 100 \, [\%]$$

예제 11

15 [kVA], 3000/200 [V] 변압기의 1차 측 환산 등가임피던스가 5.4 + j6일 때, %저항강하 p와 %리액턴스강하 q는 각각 얼마인가?

① p = 0.9, q = 1
② p = 0.7, q = 1.2
③ p = 1.3, q = 0.9
④ p = 1.2, q = 1

해설 변압기의 등가변환

$$I_{1n} = \frac{P}{V_{1n}} = \frac{15 \times 10^3}{3000} = 5\,[A]$$

- $\%R = \dfrac{I_{1n}R_{12}}{V_{1n}} \times 100 = \dfrac{5 \times 5.4}{3000} \times 100 = 0.9\,[\%]$

- $\%X = \dfrac{I_{1n}X_{12}}{V_{1n}} \times 100 = \dfrac{5 \times 6}{3000} \times 100 = 1\,[\%]$

정답 ①

04 변압기의 3상 결선

1 변압기의 극성

(1) 극성시험

① 1, 2차 양단에 나타나는 유기기전력의 방향을 파악하기 위해 실시
② 가극성과 감극성으로 구분
③ 국내는 감극성이 표준

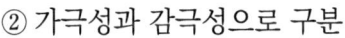

(2) 가극성

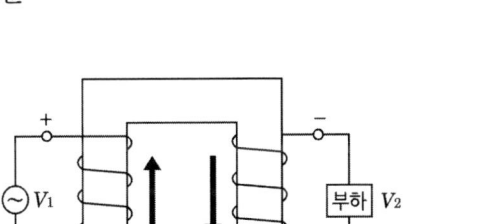

① 1, 2차 코일을 같은 방향으로 감아 1, 2차 코일의 극성이 반대

② 역기전력 관점에서 기전력은 시계방향으로 동일
③ 1, 2차 코일 간 총전압 V

$$V = V_1 + V_2$$

(3) 감극성

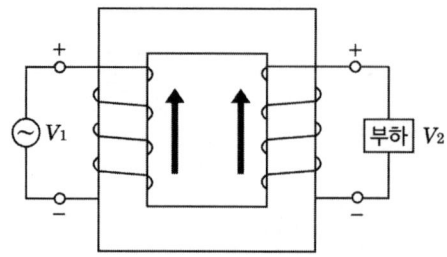

① 1, 2차 코일을 반대 방향으로 감아 1, 2차 코일의 극성이 동일
② 1, 2차 코일 간 총전압 V

$$V = V_1 - V_2$$

2 단상변압기의 3상 결선

(1) $\Delta - \Delta$ 결선

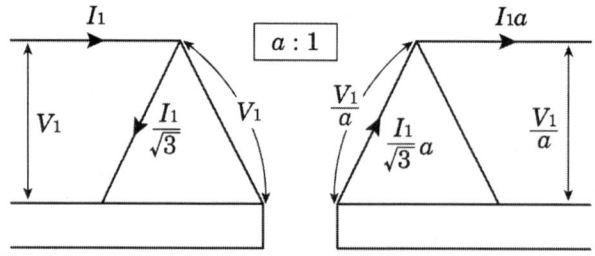

① 선간전압(V_ℓ) = 상전압(V_p)∠0°

② 선전류(I_ℓ) = $\sqrt{3}$ 상전류(I_p)∠$-\dfrac{\pi}{6}$

③ 장점
- 제3고조파가 Δ 결선 내를 순환하므로 변압기 외부로 제3고조파가 발생하지 않아 통신장애가 없음
- 1상이 고장나면 나머지 그대로 V결선 운전이 가능
- 상전류는 선전류의 $\dfrac{1}{\sqrt{3}}$ 배로 대전류에 유리

④ 단점
- 중성점을 접지할 수 없으므로 이상전압 및 지락 사고에 대한 보호가 곤란
- 권수비가 다른 변압기를 결선하면 순환전류가 발생
- 각 상의 임피던스가 다른 경우 3상 부하가 평형이 되어도 변압기 부하 전류는 불평형 상태를 유지

예제 12

단상 변압기 3대를 이용하여 △ - △결선하는 경우에 대한 설명으로 틀린 것은?

① 중성점을 접지할 수 없다.
② Y - Y결선에 비해 상전압이 선간전압의 $1/\sqrt{3}$ 배이므로 절연이 용이하다.
③ 3대 중 1대에서 고장이 발생하여도 나머지 2대로 V결선하여 운전을 계속할 수 있다.
④ 결선 내에 순환전류가 흐르나 외부에는 나타나지 않으므로 통신장애에 대한 염려가 없다.

해설 변압기의 △ - △ 결선

△결선에서는 선간전압과 상전압의 크기가 같고 상전류가 선전류의 $\dfrac{1}{\sqrt{3}}$ 배이다.

정답 ②

(2) Y - Y결선

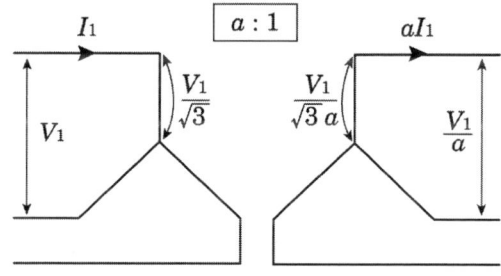

① 선간전압(V_ℓ) = $\sqrt{3}$ 상전압(V_p) ∠ $\dfrac{\pi}{6}$

② 선전류(I_ℓ) = 상전류(I_p) ∠ 0°

③ 장점
- 중성점을 접지할 수 있어서 보호계전기 동작이 확실
- V_p가 V_l의 $\dfrac{1}{\sqrt{3}}$ 배이므로 절연이 용이하고, 고전압에 유리

④ 단점
  - 선로에 제3고조파가 흘러서 통신선에 유도장애가 발생
  - 송·배전 계통에 거의 사용하지 않음

(3) Y - △결선

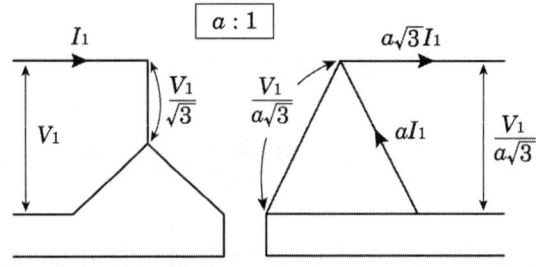

	Y - △결선	△ - Y결선
용도	강압용 변압기에 사용	승압용 변압기에 사용
전압	$V_2 = \dfrac{1}{\sqrt{3}} \times V_1 \angle -\dfrac{\pi}{6}$	$V_2 = \sqrt{3} \times V_1 \angle \dfrac{\pi}{6}$
전류	$I_2 = \sqrt{3} \times I_1$	$I_2 = \dfrac{1}{\sqrt{3}} \times I_1$
위상	1차 전압과 2차 전압 사이 30° 차	
중성점 접지	가능	
3고조파 장해	적음	

예제 13

전압비 a인 단상변압기 3대를 1차 △결선, 2차 Y결선으로 하고 1차에 선간전압(V)을 가했을 때 무부하 2차 선간전압(V)은?

① $\dfrac{V}{a}$ ② $\dfrac{a}{V}$ ③ $\dfrac{\sqrt{3}\,V}{a}$ ④ $\dfrac{\sqrt{3}\,a}{V}$

해설 △결선(1차 측) - Y결선(2차 측)

- 1차 측(△결선) : 선간전압이 V이면 상전압도 V
- 2차 측(Y결선) : 권수비가 a이므로 상전압은 $\dfrac{V}{a}$

선간전압은 전압의 $\sqrt{3}$배가 되므로 $\dfrac{\sqrt{3}\,V}{a}$

정답 ③

(4) V결선
   ① $\Delta-\Delta$결선으로 운전 중 한 대의 변압기가 고장 시 남은 2대의 변압기로 3상 공급을 계속하는 방식
   ② V결선의 3상 출력

$$P_v = \sqrt{3}\,P$$

예제 14

용량 P [kVA]인 동일 정격의 단상 변압기 4대로 낼 수 있는 3상 최대 출력 용량은?

① 3P   ② $\sqrt{3}\,P$ ③ 4P   ④ $2\sqrt{3}\,P$

해설 단상 변압기 용량

단상 변압기 4대 V결선 2 bank를 운영
$P_3 = 2P_V = 2\sqrt{3}\,P$ [kVA]

정답 ④

---

   ③ Δ결선과 V결선의 출력비

$$출력비 = \frac{P_v}{P_\Delta} = \frac{\sqrt{3}\,P}{3P} = 0.577 = 57.7\,[\%]$$

   ④ V결선한 변압기의 이용률

$$이용률 = \frac{P_v}{2P} = \frac{\sqrt{3}\,P}{2P} = 0.866 = 86.6\,[\%]$$

예제 15

△결선 변압기의 한 대가 고장으로 제거되어 V결선으로 공급할 때 공급할 수 있는 전력은 고장 전 전력에 대하여 몇 [%]인가?

① 57.7　　② 66.7　　③ 75.0　　④ 86.6

해설 V결선 시 이용률과 출력비

- 출력비 $= \dfrac{V결선\,시\,3상\,출력}{△\,결선\,시\,3상\,출력} = \dfrac{\sqrt{3}\,P_1}{3P_1} = 0.577$

정답 ①

05 상수의 변환

1 상수변환결선법

(1) 3상을 2상으로 변환
　① 우드 브릿지(Wood-bridge)결선
　② 스코트(Scott)결선
　③ 메이어(Meyer)결선

(2) 3상을 6상으로 변환
　① 2차 2중 △결선
　② 2차 2중 Y결선
　③ 대각결선
　④ 환상결선
　⑤ Fork결선

2 스코트결선(T결선)

(1) 특징

① 3상을 2상으로 변환하는 결선법

② 3상 전원에 대해 불평형 부하가 되지 않도록 하는 결선

③ 1차 측 : 입력(3상) 측, 2차 측 : 출력(단상) 측

(2) 탭 설치

① 주좌변압기 : 1차 권선의 $\frac{1}{2}$ 지점에 설치

② T좌변압기 : 1차 권선의 $\frac{\sqrt{3}}{2}$ 지점에 설치

③ T좌변압기의 권수비 : $a_T = a \times \frac{\sqrt{3}}{2}$

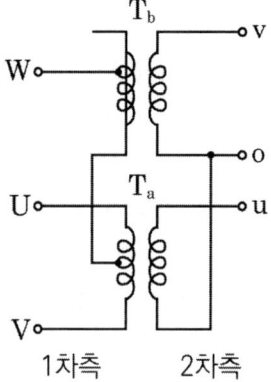

예제 16

T – 결선에 의하여 3300 [V]의 3상으로부터 200 [V], 40 [kVA]의 전력을 얻는 경우 T좌변압기의 권수비는 약 얼마인가?

① 10.2　　　② 11.7　　　③ 14.3　　　④ 16.5

해설 T좌변압기의 탭 비율 (a_T)

T좌변압기는 1차권선의 $\frac{\sqrt{3}}{2}$ 지점에 탭을 설치하며 탭 비율에 의해 권수비가 결정되므로

$a_T = a \times \frac{\sqrt{3}}{2} = \frac{3300}{200} \times \frac{\sqrt{3}}{2} = 14.3$

정답 ③

06 변압기의 병렬운전

1 병렬운전 가능한 결선

Y-△의 비가 짝수비를 갖는 조합 병렬운전 가능

운전 가능			운전 불가능		
$Y-Y$	:	$Y-Y$	$Y-Y$	:	$Y-\Delta$
$\Delta-\Delta$	:	$\Delta-\Delta$	$\Delta-\Delta$	:	$\Delta-Y$
$Y-Y$	:	$\Delta-\Delta$	$Y-\Delta$	:	$\Delta-\Delta$
$\Delta-\Delta$	:	$Y-Y$	$\Delta-Y$	:	$Y-Y$
⋮		⋮	⋮		⋮
Y, Δ의 개수가 짝수			Y, Δ의 개수가 홀수		

2 변압기의 병렬운전

(1) 병렬운전 조건

① 극성이 같을 것

② 권수비, 1차와 2차의 정격전압이 같을 것

③ %임피던스강하가 같을 것

④ 내부저항과 누설리액턴스 비가 같을 것

⑤ 상회전 방향 및 위상 변위가 같을 것(3상일 때)

(2) 부하분담

$$\frac{P_A}{P_B} = \frac{[kVA]_A}{[kVA]_B} \times \frac{\%Z_B}{\%Z_A}$$

용량에 비례하고, %임피던스에는 반비례

예제 17

변압기의 병렬운전 조건에 해당하지 않는 것은?

① 각 변압기의 극성이 같을 것
② 각 변압기의 정격 출력이 같을 것
③ 각 변압기의 백분율 임피던스강하가 같을 것
④ 각 변압기의 권수비가 같고 1차 및 2차의 정격전압이 같을 것

해설 변압기의 병렬운전 조건

용량과 출력은 같지 않아도 됨

정답 ②

예제 18

단상 변압기를 병렬운전하는 경우 부하전류의 분담에 관한 설명 중 옳은 것은?

① 누설리액턴스에 비례한다.
② 누설임피던스에 비례한다.
③ 누설임피던스에 반비례한다.
④ 누설리액턴스의 제곱에 반비례한다.

해설 변압기의 부하 분담

부하분담 시 용량에 비례하고 %임피던스강하에는 반비례할 것

정답 ③

07 변압기의 손실 및 효율

1 손실

(1) 무부하손 : 대부분 철손

① 히스테리시스손 (P_h)

- 철손의 약 80 [%]
- 방지책 : 규소강판 사용
- $P_h \propto fB_m^2 \propto \dfrac{V^2}{f}$

② 와류손 (P_e)

- 철손의 약 20 [%]
- 방지책 : 철심을 성층하여 사용
- $P_e \propto (tfB_m)^2 \propto V^2$

(2) 부하손 : 대부분 동손

① 동손 : $P_c = I^2 \cdot R$

② 표유 부하손 : 누설자속에 의한 손실

2 효율

(1) 규약효율 $\eta = \dfrac{출력}{출력 + 손실} \times 100 \, [\%]$

(2) 전부하 시 효율

$$\eta = \dfrac{V_{2n} I_{2n} \cos\theta}{V_{2n} I_{2n} \cos\theta + P_i + P_c} \times 100 \, [\%]$$

(3) $\dfrac{1}{m}$ 부하로 운전 시 효율

$$\eta_{\frac{1}{m}} = \dfrac{\dfrac{1}{m} V_{2n} I_{2n} \cos\theta}{\dfrac{1}{m} V_{2n} I_{2n} \cos\theta + P_i + \left(\dfrac{1}{m}\right)^2 P_c} \times 100 \, [\%]$$

(4) 최대 효율 조건

① 전부하 시 : 철손(P_i) = 동손(P_c)

② $\dfrac{1}{m}$ 부하 시

$$P_i = \left(\dfrac{1}{m}\right)^2 P_c \qquad \dfrac{1}{m} = \sqrt{\dfrac{P_i}{P_c}}$$

예제 19

정격 150 [kVA], 철손 1 [kW], 전부하동손이 4 [kW]인 단상 변압기의 최대 효율(%)과 최대 효율 시의 부하(kVA)는? (단, 부하 역률은 1이다)

① 96.8 [%], 125 [kVA] ② 97 [%], 50 [kVA]
③ 97.2 [%], 100 [kVA] ④ 97.4 [%], 75 [kVA]

해설 최대 효율일 때의 부분부하

- $\dfrac{1}{m} = \sqrt{\dfrac{P_i}{P_c}} = \sqrt{\dfrac{1}{4}} = \dfrac{1}{2}$

  ∴ $\dfrac{1}{2}$ 부하에서의 부하는 $150 \times \dfrac{1}{2} = 75 \,[\mathrm{kVA}]$

- $\dfrac{1}{2}$ 부하에서 최대 효율

  $$\eta_m = \dfrac{\dfrac{1}{m}P}{\dfrac{1}{m}P + 2P_i} = \dfrac{\dfrac{1}{2} \times 150}{\dfrac{1}{2} \times 150 + 2 \times 1} \times 100 = 97.4\,[\%]$$

정답 ④

08 변압기의 시험 및 보수

1 무부하시험(개방시험)

(1) 무부하시험의 특징

① 2차 측을 개방

② 병렬부분 값을 측정

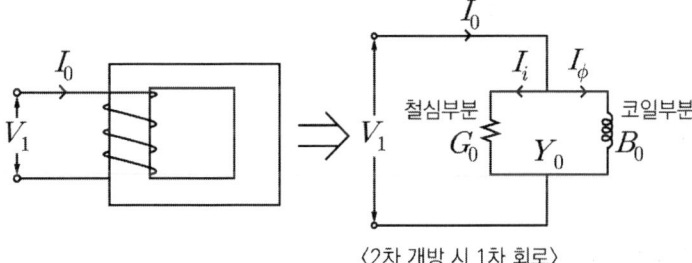

〈2차 개방 시 1차 회로〉

(2) 여자전류

① 철손전류 : $I_i = \dfrac{P_i}{V_1}$

② 자화전류 : $I_\phi = V_1 B_0$

③ 여자전류의 크기 : $|I_0| = \sqrt{I_i^2 + I_\phi^2}$

예제 20

1차 전압 2200 [V], 무부하전류 0.088 [A] 인 변압기의 철손이 110 [W]이다. 이때 자화전류[A]는?

① 0.0724 ② 0.1012 ③ 0.195 ④ 0.3715

해설 무부하시험의 전류

여자전류(I_o)는 철손전류(I_i)와 자화전류(I_ϕ)의 벡터합

$I_o = \sqrt{I_i^2 + I_\phi^2}$

$I_i = \dfrac{P_i}{V_1} = \dfrac{110}{2200} = 0.05 \, [A]$

$\therefore I_\phi = \sqrt{I_0^2 - I_i^2} = \sqrt{0.088^2 - 0.05^2} = 0.072 \, [A]$

정답 ①

---

(3) 무부하시험으로 측정 가능한 값 : 전류, 철손, 여자 어드미턴스

① 여자 어드미턴스 $Y_0 = \sqrt{G_0^2 + B_0^2} = \dfrac{I_0}{V_1} [\mho]$

② 여자 컨덕턴스 $G_0 = \dfrac{I_i \times V_1}{V_1 \times V_1} = \dfrac{P_i}{V_1^2} [\mho]$

③ 여자 서셉턴스 $B_0 = \sqrt{Y_0^2 - G_0^2} = \sqrt{\left(\dfrac{I_0}{V_1}\right)^2 - \left(\dfrac{P_i}{V_1^2}\right)^2} [\mho]$

2 단락시험(부하시험)

(1) 단락시험의 특징

① 변압기의 2차 측을 단락

② 1차 정격 전류가 흐를 때 변압기 내에서 발생하는 전압강하와 동손을 계산

(2) 단락시험으로 측정 가능한 값

　① 전압강하 : 임피던스전압 $V_s = I_{1n} Z_{12}$ [V]

　② 동손 : 임피던스와트 $P_s = I_{1n}^2 R_{12}$ [W]

　③ 전압변동률

(3) 단락전류

　① $I_s = \dfrac{100}{\%Z} I_n$

　② $I_s = \dfrac{V_p}{Z_s} = \dfrac{V_\ell}{\sqrt{3} Z_s}$

예제 21

100 [kVA], 6000/200 [V], 60 [Hz]이고 %임피던스강하 3 [%]인 3상 변압기의 저압 측에 3상 단락이 생겼을 경우의 단락전류는 약 몇 [A]인가?

① 5650　　② 9623　　③ 17000　　④ 75000

해설 단락비

- $K = \dfrac{I_{2s}}{I_{2n}} = \dfrac{100}{\%Z}, \quad I_{2s} = \dfrac{100}{\%Z} I_{2n}$ 에서

- $I_{2n} = \dfrac{P}{\sqrt{3}\, V_{2n}} = \dfrac{100 \times 10^3}{\sqrt{3} \times 200} = 288.7$ 이므로

∴ $I_{2s} = \dfrac{100}{3} \times 288.7 = 9,623$ [A]

정답 ②

3 온도상승시험

(1) 실부하법

　① 소용량에만 적용

　② 전력손실이 큰 단점

(2) 반환부하법

　① 변압기가 2대 이상 있을 경우에 사용

　② 현재 가장 많이 사용

4 그 외 시험

(1) 절연내력시험

① 유도시험
- 권선 간에 절연내력을 확인하는 층간절연을 시험
- 권선의 단자 사이에 상호유도전압의 2배 전압을 가하는 시험
- 유도시험시간 $= 60 \times \dfrac{2 \times 정격주파수}{시험주파수}$

② 가압시험
- 온도시험 직후에 절연저항과 절연내력을 확인
- 정현파에 가까운 전압으로 절연내력시험

③ 충격전압시험
- 변압기에 번개와 같은 충격전압을 가하여 견디는 정도를 확인
- 충격 표준파형으로 절연내력시험

(2) 정수 측정시험

① 권선저항시험

② 무부하시험

③ 단락시험

5 변압기 보호

(1) 변압기 보호의 주된 목적

① 절연내력 저하 방지

② 변압기 자체 사고의 최소화

③ 다른 부분으로의 사고 확산 방지

(2) 변압기 보호용 계전기

① 차동계전기 : 변압기 내부고장 발생 시 전류의 차에 의하여 동작

② 비율차동계전기
- 변압기 내부 고장 발생 시 전류차가 일정 비율 이상이 되었을 때 동작
- 주로 변압기의 단락 보호용으로 사용

③ 온도계전기 : 설정한 온도 이상 또는 이하로 전기회로를 개폐하는 장치

④ 과전류계전기 : 과부하 또는 단락, 지락 시 과전류를 검출

⑤ 부흐홀츠계전기 : 유증기에 의하여 동작하며 기계적 보호에 사용

⑥ 충격압력계전기 : 내압의 급격한 상승 감지

⑦ 방압안전장치 : 변압기 내부에서 일정 압력을 초과할 때 압력을 방출하여 변압기의 외함에 대한 변형이나 파손을 방지

⑧ 가스검출계전기 : 변압기 내부 결함으로 발생하는 가스에 의해 동작

(3) 변압기 권선온도 측정 : 열동계전기

예제 22

변압기의 내부 고장에 대한 보호용으로 사용되는 계전기는 어느 것이 적당한가?

① 방향계전기
② 온도계전기
③ 접지계전기
④ 비율차동계전기

해설 변압기 보호용 계전기

- 부흐홀츠계전기
- 비율차동계전기
- 차동계전기
- 온도계전기
- 압력계전기

정답 ④

---

09 계기용 변성기

1 MOF(전력 수급용 계기용 변성기)

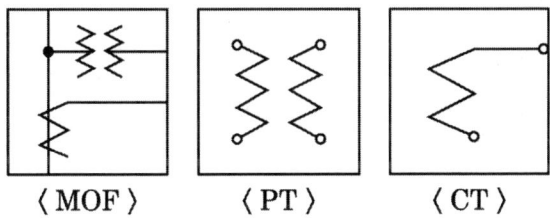

⟨MOF⟩ ⟨PT⟩ ⟨CT⟩

(1) MOF의 특징

① 고전압, 대전류에서 전력을 측정하기 위한 장치

② PT와 CT를 한 탱크 안에 구성

(2) PT(계기용 변압기)
① 전압을 측정하기 위한 변압기
② 2차 정격전압 : 110 [V]
③ 2차 부담 : 2차 회로의 부하를 의미
④ 2차 측은 반드시 접지

(3) CT(계기용 변류기)
① 전류를 측정하기 위한 변압기
② 2차 전류 : 5 [A]
③ 2차 측 개방 금지

예제 23

전기설비 운전 중 계기용 변류기(CT)의 고장 발생으로 변류기를 개방할 때 2차 측을 단락해야 하는 이유는?

① 2차 측의 절연보호   ② 1차 측의 과전류 방지
③ 2차 측의 과전류보호   ④ 계기의 측정 오차 방지

해설 변류기 2차 개방 시 현상
- 1차 전류가 모두 여자전류가 됨
- 2차 측에 과전압을 유기하여 절연 파괴
∴ 절연 파괴 대책 : 변류기 2차 측 단락

정답 ①

2 GPT와 ZCT

(1) GPT
① 접지형 계기용 변압기
② 비접지 계통에서 지락사고 시의 영상 전압을 검출

(2) ZCT
① 영상 변류기
② 지락사고 시 지락전류(영상전류)를 검출
③ GR(지락계전기)와 조합하여 차단기를 작동

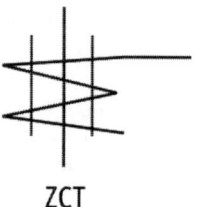

ZCT

10 특수변압기

1 3권선변압기

(1) 구조

① Y - Y - ⊿결선으로 구성

② 1대의 변압기 철심에 3개의 권선이 감겨진 변압기

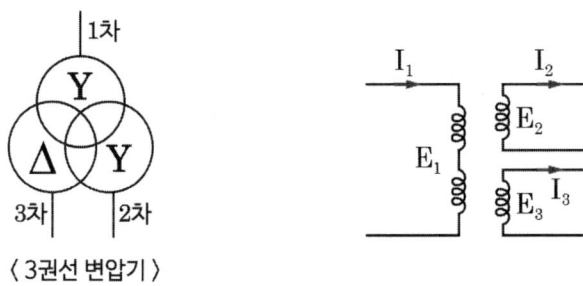

〈3권선 변압기〉

(2) 용도

① Y - Y - △결선을 하여 제3고조파를 제거

② 발전소에서 소내용 전력공급이 가능

③ 조상기를 접속하여 송전선의 전압과 역률을 조정 가능

④ 통신 유도 장해를 저감

2 단권변압기

(1) 구조와 종류

① 하나의 철심에 1차 권선과 2차 권선의 일부를 서로 공유

② 분로권선과 직렬권선으로 구분

③ 종류 : 단상 단권변압기, 3상 단권변압기

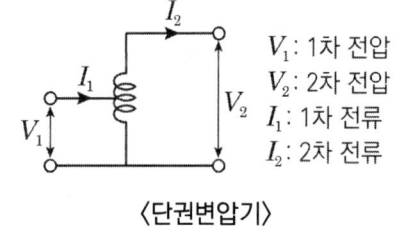

〈단권변압기〉

V_1 : 1차 전압
V_2 : 2차 전압
I_1 : 1차 전류
I_2 : 2차 전류

(2) 특징

① 소형 변압기

② 철심을 공유해 동량을 절약할 수 있어서 가격이 저렴

③ 동손이 적어서 효율이 좋음

④ 분로권선에서 누설자속이 없기 때문에 전압 변동률이 작음

(3) 용량비

사용 변압기	용량비
1대	$\dfrac{\text{자기용량}}{\text{부하용량}} = \dfrac{V_h - V_\ell}{V_h}$
2대(V결선)	$\dfrac{\text{자기용량}}{\text{부하용량}} = \dfrac{2}{\sqrt{3}} \left(\dfrac{V_h - V_\ell}{V_h} \right)$
3대(Y결선)	$\dfrac{\text{자기용량}}{\text{부하용량}} = \dfrac{V_h - V_\ell}{V_h}$
3대(△결선)	$\dfrac{\text{자기용량}}{\text{부하용량}} = \dfrac{V_h^2 - V_\ell^2}{\sqrt{3}\, V_h V_\ell}$

예제 24

자기용량 10 [kVA]의 단권변압기를 그림과 같이 접속하였을 때 부하역률이 80 [%]라면 부하에 몇 [kW]의 전력을 공급할 수 있는가?

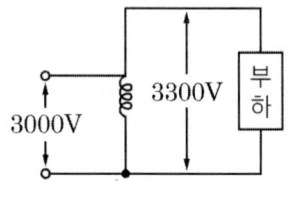

① 55   ② 66   ③ 77   ④ 88

해설 변압기의 용량비

- $\dfrac{\text{자기 용량}}{\text{부하 용량}} = \dfrac{V_h - V_\ell}{V_h}$ 에서

- 부하 용량 = 자기 용량 $\times \left(\dfrac{V_h}{V_h - V_\ell} \right) = 10 \times \dfrac{3300}{3300 - 3000} = 110\ [kVA]$

- $\cos \theta = 0.8$ 이므로
∴ $P = 110 \times 0.8 = 88\ [kW]$

정답 ④

3 누설변압기

(1) 특징

① 누설자속을 크게 한 변압기로, 정전류변압기라고도 칭함

② 일정한 전류를 유지시키기 위해 자기회로 일부에 공극이 있는 누설자속 통로를 만들어 부하전류 증가에 따른 전압강하를 크게 하려고 리액턴스를 증가시킨 변압기

③ 부하전류가 어느 정도 증가한 후 일정 값이 되는 수하특성

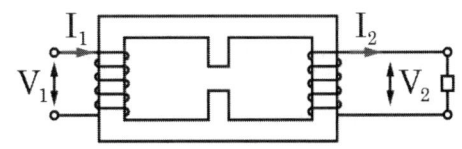

(2) 용도

① 아크 용접용 변압기

② 네온관 점등용 변압기

4 3상 변압기

(1) 구조와 특징

① 단상 변압기 3대를 철심으로 조합시켜 하나의 철심에 1·2차 권선을 감은 변압기

② 변압기 1대로 3상 변압을 할 수 있는 변압기

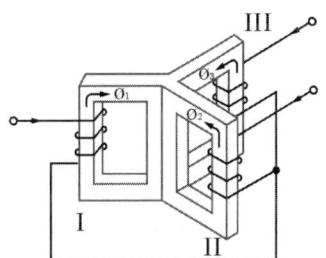

(2) 장점

① 철량이 적어서 철손도 경감되므로 효율이 좋음

② 경제적이고 설치면적이 작아짐

(4) 단점

① 1상만 고장 나도 사용이 불가

② 설치 뱅크가 적을 때는 예비기의 설치 비용이 커짐

5 기타 변압기

(1) 탭전환변압기

① 부하증감에 따른 전압변동을 최소화시키기 위해서 탭을 조정

② 1차 탭을 내리면 2차 전압은 상승

③ 1차 탭을 높이면 2차 전압은 강하

예제 25

탭전환변압기 1차 측에 몇 개의 탭이 있는 이유는?

① 예비용 단자
② 부하전류를 조정하기 위하여
③ 수전점의 전압을 조정하기 위하여
④ 변압기의 여자전류를 조정하기 위하여

해설 탭전환변압기

부하증감에 따른 전압 변동을 최소화시키기 위해서 탭을 조정
- 1차 탭을 내리면 2차 전압은 높아진다.
- 1차 탭을 높이면 2차 전압은 낮아진다.

정답 ③

(2) 몰드변압기

① 종래 유입·건식 변압기의 문제점 개선을 위해 코일을 에폭시수지로 몰드한 고체절연방식
② 자기 소화성이 우수
③ 소형 경량화가 가능
④ 건식변압기에 비해 작은 소음 발생
⑤ 유입변압기에 비해 낮은 절연레벨

CHAPTER 05 유도전동기

01 유도전동기의 원리 및 구조

1 유도전동기의 회전원리

(1) 아고라의 원판

① 자석을 회전시키면 원판 중심으로 향하는 유도기전력이 발생

② 플래밍의 오른손법칙에 의해 전류 발생

③ 플래밍의 왼손법칙에 의해 원판이 자석이 회전하는 방향과 같은 방향으로 회전

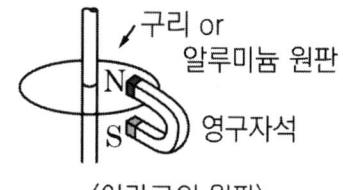

〈아라고의 원판〉

(2) 회전자기장의 발생

① 단상 유도전동기 : 교번자계 발생

② 3상 유도전동기 : 회전자계 발생

(3) 회전자계의 속도

$$N_s = \frac{120f}{P} \text{ [rpm]}$$

2 3상 유도전동기의 구조

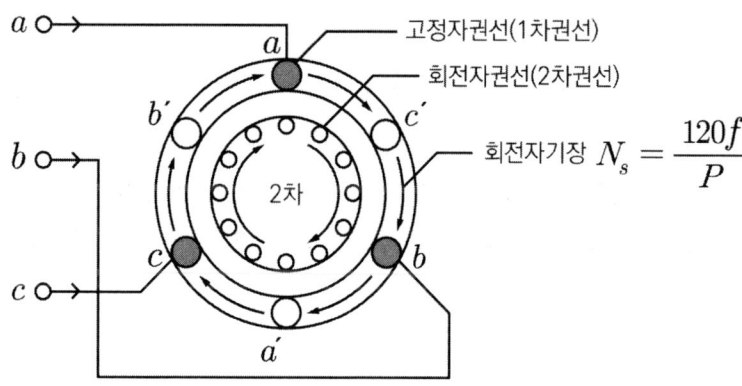

(1) 고정자(1차 측)
  ① 유도전동기의 회전하지 않는 부분
  ② 규소강판을 성층하여 3상 코일을 감은 것
  ③ 철심 : 두께 0.35 ~ 0.5 [mm]의 규소강판

(2) 회전자(2차 측)
  ① 유도전동기의 회전하는 부분
  ② 규소강판을 성층하여 둘레에 홈을 파고 코일을 감은 형태
  ③ 코일의 종류에 따라 농형 회전자와 권선형 회전자로 구분
  ④ 회전자가 고정자 내부에 위치

(3) 공극
  ① 공극 넓이 : 0.3 ~ 2.5 [mm] 정도
  ② 공극이 넓을 경우
    • 자기저항과 여자전류가 커져서 전동기의 역률이 저하
  ③ 공극이 좁을 경우
    • 진동과 소음 발생   • 누설리액턴스가 증가
    • 철손 증가   • 출력 감소

3 유도전동기의 분류

(1) 농형 유도전동기
  ① 구조가 간단하고 견고하나 주로 소형 전동기에 많이 사용
  ② 회전자는 개방할 수 없고 단락 상태이므로 전압 측정 불가
  ③ 1차 3선 중 2선을 바꾸면 역회전 가능
  ④ 소음 발생을 억제하기 위해 회전자 둘레에 스큐(Skew)슬롯을 사용

(2) 권선형 유도전동기
  ① 회전자 구조가 복잡하고 운전이 어려움
  ② 기동 전류를 감소시킬 수 있으며 속도 조정이 자유로움
  ③ 기동할 때에 회전자는 슬립링을 통하여 외부에 가감 저항기를 접속
  ④ 전동기 속도가 상승함에 따라 외부저항을 점점 감소시키고 최후에는 슬립링을 단락

02 유도전동기의 슬립 및 등가회로

1 슬립

(1) 슬립

① 정의 : N_s와 N 사이에 회전 속도의 차를 비로 나타낸 것

$$s = \frac{N_s - N}{N_s} = 1 - \frac{N}{N_s}$$

② 회전자 속도

$$N = (1-s)N_s = (1-s)\frac{120f}{p}$$

③ 역방향 회전자 슬립

$$s' = \frac{N_s - (-N)}{N_s} = 2 - s$$

④ 전압과의 관계

$$s \propto \frac{1}{V^2}$$

예제 01

220 [V] 3상 유도전동기의 전부하 슬립이 4 [%]이다. 공급 전압이 10 [%] 저하된 경우의 전부하 슬립은?

① 4   ② 5   ③ 6   ④ 7

해설 유도전동기의 슬립

$s \propto \frac{1}{V^2}$ 이므로

$s' = s \times \left(\frac{1}{0.9}\right)^2 = 4 \times \left(\frac{1}{0.9}\right)^2 = 4.94\,[\%]$

정답 ②

예제 02

유도전동기의 주파수가 60 [Hz]이고 전부하에서 회전수가 매분 1164회이면 극수는? (단, 슬립은 3 [%]이다)

① 4　　　　② 6　　③ 8　　　　④ 10

[해설] 유도전동기의 회전수

동기속도 $N_s = \dfrac{120f}{p}$, $N = (1-s)N_s = (1-s)\dfrac{120f}{p}$ 에서

$1164 = 0.97 \times \dfrac{120 \times 60}{p}$

$\therefore p = \dfrac{0.97 \times 120 \times 60}{1,164} = 6$

[정답] ②

(2) 슬립의 영역

구분	유도발전기	유도전동기	유도제동기
Slip 영역	$s < 0$	$0 < s < 1$	$1 < s < 2$
	$N > N_s$	• 회전자 정지 상태 $N = 0,\ s = 1$ • 동기속도로 회전(무부하 시) $N = N_s,\ s = 0$	회전자의 회전 방향이 회전자계 회전 방향과 반대가 되어 제동기로 작용

(3) 슬립 측정법

① 스트로보 - 스코프법

② 수화기법

③ 직류밀리볼트계법

④ 회전계법

2 권선형 유도전동기의 등가회로

(1) 정지 시 등가회로

• $I_2 = \dfrac{E_2}{\sqrt{r_2{}^2 + x_2{}^2}}$

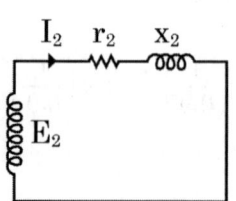

(2) 슬립 s로 회전 시 등가회로 - 수식에서 X ⇒ x

① 2차 주파수 $f_{2s} = sf_1$

② 2차 유기기전력 $E_{2s} = sE_2$

③ 2차 누설리액턴스 $x_{2s} = sx_2$

④ $I_2 = \dfrac{sE_2}{\sqrt{r_2^2 + (sx_2)^2}} = \dfrac{E_2}{\sqrt{\left(\dfrac{r_2}{s}\right)^2 + x_2^2}}$

$I_2 = \dfrac{E_2}{\sqrt{(r_2+R)^2 + x_2^2}}$ 에서 두 식이 같아야 하므로

$\dfrac{r_2}{s} = r_2 + R$ ∴ $\left(\dfrac{1-s}{s}\right)r_2 = R$: 기계적 출력을 대표하는 저항

예제 03

6극 200 [V], 10 [kW]의 3상 유도전동기가 960 [rpm]으로 회전하고 있을 때의 회전자 기전력의 주파수(Hz)는? (단, 전원의 주파수는 60 [Hz]이다)

① 12   ② 8   ③ 6   ④ 4

해설 회전자 기전력의 주파수

회전 시 2차 주파수 $f_2 = s \cdot f_1$

$N_s = \dfrac{120f}{p} = \dfrac{120 \times 60}{6} = 1200\,[\text{rpm}]$

$s = \dfrac{N_s - N}{N_s} = \dfrac{1200 - 960}{1200} = 0.2$ ∴ $f_2 = 0.2 \times 60 = 12\,[\text{Hz}]$

정답 ①

예제 04

10극, 3상 유도전동기가 있다. 회전자는 3상이고, 정지시의 2차 1상의 전압이 150 [V]이다. 이 회전자를 회전자계와 반대방향으로 400 [rpm] 회전시키면 2차 전압은? (단, 1차 전원주파수는 50 [Hz]이다)

① 150 ② 200 ③ 250 ④ 300

해설 유도전동기 2차 전압

- $E_{2s} = sE_2$
- $N_s = \dfrac{120f}{p} = \dfrac{120 \times 50}{10} = 600\,[rpm]$
- $s = \dfrac{N_s - (-N)}{N_s} = \dfrac{600 + 400}{600} = 1.667$ (회전자계와 반대방향이므로 N 대신 $-N$)

$\therefore E_{2s} = 1.667 \times 150 = 250\,[V]$

정답 ③

03 유도전동기의 특성

1 입력과 출력

(1) 1차 입력과 출력

① 1차 출력 : $P_2 = P_1 - (P_i + P_{c1})$

② 1차 동손 : $P_{c1} = I_1^2 \cdot R_1 [W]$ P_i : 철손, P_{c1} : 1차 동손, P_1 : 1차 입력

(2) 2차 입력과 출력

① 2차 입력 = 1차 출력

② 2차 동손 $P_{c2} = sP_2$

③ 2차 출력 = 2차 입력 - 2차 동손

$$P_0 = P_2 - P_{c2} = P_2 - sP_2 = P_2(1-s)$$

(3) 유도전동기 비례식

$$P_2 : P_{c2} : P_0 = 1 : s : 1-s$$

$P_{c2} : P_0 = s : 1-s$ 에서

$sP_0 = (1-s)P_{c2} \quad \rightarrow \quad P_0 = \dfrac{1-s}{s} P_{c2}$

예제 05

220 [V], 60 [Hz], 8극, 15 [kW]의 3상 유도전동기에서 전부하 회전수가 864 [rpm]이면 이 전동기의 2차 동손은 몇 [W]인가?

① 435　　　② 537　　　③ 625　　　④ 723

해설 2차 동손 (P_{2c})

2차 출력 = 2차 입력 - 2차 손실이므로
$P_o = P_2 - P_{c2} = P_2 - sP_2 = (1-s)P_2$
$P_2 = \dfrac{1}{1-s} P_o$

- $s = \dfrac{N_s - N}{N_s} = \dfrac{900 - 864}{900} = 0.04 \quad \left(\because N_s = \dfrac{120f}{p} = \dfrac{120 \times 60}{8} = 900 \, [rpm] \right)$

$\therefore P_{c2} = sP_2 = \dfrac{s}{1-s} P_o = \dfrac{0.04}{0.96} \times 15 \times 10^3 = 625 \, [W]$

정답 ③

(4) 2차 효율 (η_2)

$$\eta_2 = \frac{\text{기계적 출력}}{\text{2차입력}} = \frac{P_0}{P_2} = \frac{P_2 - P_{c2}}{P_2} = \frac{P_2(1-s)}{P_2} = (1-s)$$

예제 06

4극 7.5 [kW], 200 [V], 60 [Hz]인 3상 유도전동기가 있다. 전부하에서의 2차 입력이 7950 [W]이다. 이 경우의 2차 효율은 약 몇 [%]인가?(단, 기계손은 130 [W]이다)

① 92　　　② 94　　　③ 96　　　④ 98

해설 유도전동기의 2차 효율(η_2)

$\eta_2 = \dfrac{P_2 - P_{c2}}{P_2} = 1 - s$

- $P_{c2} = P_2 - P_0 - P_m = 7950 - ,500 - 130 = 320 \,[\text{W}]$

$\therefore \eta_2 = \dfrac{7950 - 320}{7950} = 0.96$

정답 ③

2 토크

(1) 토크

① 회전축을 중심으로 회전시키는 능력

$$T = \frac{P_2}{\omega} = \frac{P_2}{2\pi \dfrac{N_s}{60}} = \frac{60}{2\pi} \times \frac{P_2}{N_s} = 9.55 \times \frac{P_2}{N_s} [\text{N·m}]$$

② 단위변환

$$T = 9.55 \times \frac{1}{9.8} \times \frac{P_2}{N_s} = 0.975 \times \frac{P_2}{N_s} [\text{kg·m}]$$

$1 \,[\text{kg} \cdot \text{m}] = 9.8 \,[\text{N} \cdot \text{m}]$

③ 토크의 비례관계

$T = K\phi I, \quad \phi \propto V, \quad I \propto V, \quad T \propto V^2$

예제 07

50 [Hz], 4극, 15 [KW]의 3상 유도전동기가 있다. 전부하 시의 회전수가 1450 [rpm]이라면 토크는 몇[kg·m]인가?

① 약 68.52
② 약 88.65
③ 약 98.68
④ 약 10.07

해설 유도전동기 토크

$$T = 0.975 \times \frac{P_o}{N} = 0.975 \times \frac{15000}{1450} = 10.08 [kg \cdot m]$$

정답 ④

(2) 동기와트
① 동기속도로 회전할 때 2차 입력을 토크로 표현한 것
② 동기와트 $P_2 = 2\pi \dfrac{N_s}{60} T = \dfrac{1}{9.55} N_s T$

예제 08

8극 60 [Hz]의 유도전동기가 부하를 연결하고 864 [rpm]으로 회전할 때, 54.134 [kg·m]의 토크를 발생 시 동기와트는 약 몇 [kW]인가?

① 48
② 50
③ 52
④ 54

해설 동기와트(P_2)

유도전동기가 동기 속도로 회전할 때의 토크
즉, 동기속도일 때의 2차 입력

- $\tau = 0.975 \dfrac{P_2}{N_s}$, $P_2 = \dfrac{1}{0.975} N_s \tau$

$N_s = \dfrac{120f}{P} = \dfrac{120 \times 60}{8} = 900 [rpm]$

∴ $P_2 = \dfrac{1}{0.975} \times 900 \times 54.134 = 49970 [W] ≒ 50 [kW]$

정답 ②

3 원선도

(1) 원선도

① 유도전동기의 동작 특성을 부여하는 원형의 궤적

② 원선도의 지름
- 1차 전압에 비례
- 1차로 환산한 누설리액턴스에 반비례

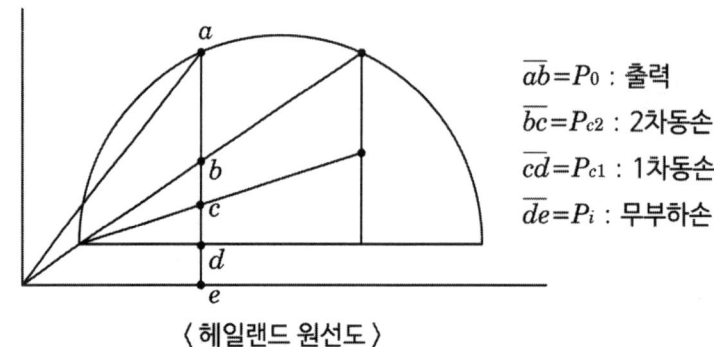

⟨ 헤일랜드 원선도 ⟩

$\overline{ab}=P_0$: 출력
$\overline{bc}=P_{c2}$: 2차동손
$\overline{cd}=P_{c1}$: 1차동손
$\overline{de}=P_i$: 무부하손

(2) 원선도 작성 시 필요요소

① 송전단 전압

② 수전단 전압

③ 선로의 일반회로 정수

(3) 원선도 작성에 필요한 시험

① 무부하시험 : 철손(P_i), 여자전류(무부하전류)를 구함

② 구속시험 : 동손(P_c)을 구함

③ 권선 저항 측정시험(1, 2차 저항 측정)

04 유도전동기의 기동 및 제동

1 농형 유도전동기의 기동법

(1) 전전압기동법(직입기동법)

① 5 [kW] 이하의 전동기에 사용

② 기동 전류는 정격 전류의 4 ~ 6배

③ 기동 시간이 짧고 역률이 나쁘다.

④ 전동기 단자에 직접 정격전압을 가한다.

(2) Y - △기동법

① 기동 시 고정자권선을 Y로 접속한 후 운전 속도에 도달하면 △결선으로 운전하는 방식

② 5 ~ 15 [kW] 정도의 농형 유도전동기에 사용

③ Y기동 시 △기동 시에 비해 기동 전류 $\frac{1}{3}$배, 기동 토크 $\frac{1}{3}$배, 정격전압 $\frac{1}{\sqrt{3}}$배

(3) 기동보상기법

① 기동 시 공급 전압을 단권변압기에 의해서 일시 강하시켜서 기동전류를 제한하는 기동방법으로 기동 전류를 줄여 기동 후 전압을 점차로 높여 운전하는 방법

② 15 [kW] 이상의 농형 유도전동기에 사용

(4) 리액터기동법

① 전동기의 1차 측에 직렬로 철심이 든 리액터를 설치

② 리액턴스 값을 조정하여 인가되는 전압을 제어함으로써 기동전류 및 토크를 제어하는 방식

예제 09

출력이 10 [kW]인 3상 농형 유도전동기를 기동하려고 할 때, 다음 중 가장 적당한 기동법은?

① 기동보상기법 ② 2차 저항기동법
③ 전전압기동법 ④ Y-△기동법

해설 농형 유도전동기기동법

기동 방법	기동 특성
전전압기동	5 [kW] 이하 소형
Y - △기동	5 ~ 15 [kW] 중형
기동보상기법	15 [kW] 이상

정답 ④

2 권선형 유도전동기의기동법

(1) 2차 저항기동법

① 2차 회로에 가변 저항기를 접속하고 비례추이의 원리에 의하여 기동전류를 억제하고 큰 기동 토크를 얻는 방법

② 기동초기에는 저항을 작게 하여 기동하고 최종적으로 단락하여 기동

(2) 2차 임피던스기동법
　① 회전자회로에 고정저항과 리액터를 병렬접속한 것을 삽입하여 기동
　② 기동 초기에는 전류가 저항으로 흐르고 점차 인덕턴스로 이동하여 기동

3 유도전동기의 이상기동 현상

(1) 크로우링 현상
　① 농형 전동기에서 고정자와 회전자의 슬롯 수가 적당하지 않을 경우 발생
　② 농형 유도전동기에 고조파전류 등이 흐르게 되어 정격속도에 이르지 못하고 낮은 속도에서 안정화되어 버리는 현상(진동 및 소음 발생)
　③ 방지 대책 : 경사슬롯을 채용

(2) 게르게스 현상
　① 3상 권선형 유도전동기의 2차 회로가 1선이 단선된 경우 슬립이 0.5 정도에서 더 이상 가속되지 않는 현상
　② 전류가 증가하고 속도는 낮아지지만 회전은 가능

4 유도전동기 제동법

(1) 전기적 제동법
　① 회생제동 : 유도전동기를 유도발전기로 동작시켜, 그 발생 전력을 전원에 회생시켜서 제동
　② 발전제동 : 전동기 제동 시에 전원을 개방하여 공급하여 발전기로 동작시킨 후 발전된 전력을 저항에서 열로 소비시키는 방법
　③ 역상제동 : 전동기의 1차 권선 3단자 중 임의의 2단자의 접속을 바꾸면 역방향의 토크가 발생되어 제동하는 방법
　④ 단상제동 : 권선형 유도전동기의 고정자에 단상전압을 걸어주고 회전자회로에 큰 저항을 연결할 때 일어나는 전기적 제동
　　• 대형기중기에서 짐을 아래로 안전하게 내릴 때 사용

(2) 기계적 제동
　회전 부분과 접지 부분 사이의 마찰을 이용하여 제동하는 방법

05 유도전동기의 제어

1 농형 유도전동기의 속도제어

(1) 극수 변환법

① 극수에 반비례 $\left(N_s = \dfrac{120f}{P}\right)$

② 효율이 좋은 장점

③ 단계적인 속도제어 가능

(2) 주파수 변환법

① 인버터 등을 이용하여 주파수를 변환하여 속도제어 $\left(N_s = \dfrac{120f}{P}\right)$

② 고속 회전이 가능하여 선박 추진용 및 전기자동차용 구동전동기의 속도제어에 사용

(3) 1차 전압제어법

토크를 변화시켜 슬립의 변동으로 속도를 제어하는 방법 $\left(s \propto \dfrac{1}{V^2}\right)$

2 권선형 유도전동기의 속도제어

(1) 2차 저항제어법

① 2차 저항의 크기를 조정해서 토크의 크기를 제어하는 방법

② 비례추이의 원리를 이용

③ 특징
- 구조가 간단하고 제어조작이 용이, 수리 및 보수 유지가 간편
- 장시간 운전 시 온도영향이 크고 효율이 낮으며 속도변동률 역시 크다.

(2) 2차 여자법

① 3상 권선형 유도전동기의 슬립링을 통하여 슬립주파수의 전압을 공급하여 속도를 제어하는 방법으로 일종의 전압제어법

② 2차 전류 $I_2 = \dfrac{sE_2 \pm E_c}{\sqrt{r_2^2 + sx_2^2}}$ 에 비례하여 속도 변화

sE_2 : 2차 유기기전력, E_c : 주파수전압

- sE_2와 E_c가 동위상인 경우 : $sE_2 + E_c$
- sE_2와 E_c가 반대위상인 경우 : $sE_2 - E_c$

③ 특징 : 고효율, 광범위한 속도제어
④ 종류
- 크레머 방식 : 계자를 제어하여 회전수를 변환(정출력제어)
- 세르비우스 방식 : 권선형 유도전동기의 회전자 출력을 3상 전파 정류한 후 얻어진 전지에너지를 사이리스터에 의해 3상 전원 측으로 회생시켜 되돌려주는 방식

예제 10

sE_2는 권선형 유도전동기의 2차 유기전압이고 E_c는 외부에서 2차 회로에 가하는 2차 주파수와 같은 주파수의 전압이다. E_c가 sE_2와 반대 위상일 경우 E_c를 크게 하면 속도는 어떻게 되는가? (단, $sE_2 - E_c$는 일정하다)

① 속도가 증가한다.
② 속도가 감소한다.
③ 속도에 관계없다.
④ 난조 현상이 발생한다.

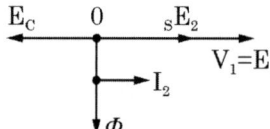

해설 2차 여자법 $I_2 = \dfrac{sE_2 \pm E_c}{\sqrt{{r_2}^2 + s{x_2}^2}}$

- $+E_c$인 경우 2차 전류 증가 ⇒ 속도 증가
- $-E_c$인 경우 2차 전류 감소 ⇒ 속도 감소

정답 ②

3 비례추이

(1) 비례추이
① 전압이 일정하면 전류나 회전력이 2차 저항에 비례하여 변화하는 현상
② 관계식(R : 외부저항)

$$\frac{r_2}{s} = \frac{r_2 + R}{s'}$$

③ 최대 토크를 얻기 위한 외부저항

$$R = \sqrt{r_1^2 + (x_1 + x_2)^2} - r_2$$

예제 11

8극, 50 [kW], 3300 [V], 60 [Hz]인 3상 권선형 유도전동기의 전부하 슬립이 4 [%]라고 한다. 이 전동기의 슬립링 사이에 0.16 [Ω]의 저항 3개를 Y로 삽입하면 전부하 토크를 발생할 때의 회전수 (rpm)는? (단, 2차 각상의 저항은 0.04 [Ω]이고, Y접속이다)

① 660 ② 720 ③ 750 ④ 880

해설 비례추이 $\dfrac{r}{s} = \dfrac{r+R}{s'}$

- $s = 0.04$, $r = 0.04$, $R = 0.16$

  $\dfrac{0.04}{0.04} = \dfrac{0.04 + 0.16}{s'}$, $s' = 0.2$

- $N_s = \dfrac{120f}{p} = \dfrac{120 \times 60}{8} = 900 \,[rpm]$

- $N = (1-s)N_s = 0.8 \times 900 = 720 \,[rpm]$

정답 ②

예제 12

권선형 3상 유도전동기의 2차 회로는 Y로 접속되고 2차 각 상의 저항은 0.3 [Ω]이며 1차, 2차 리액턴스의 합은 1.5 [Ω]이다. 기동 시에 최대 토크를 발생하기 위해서 삽입하여야 할 저항(Ω)은? (단, 1차 각 상의 저항은 무시한다)

① 1.2 ② 1.5
③ 2   ④ 2.2

해설 비례추이

최대 토크 발생을 위한 삽입저항 $R = \sqrt{r_1 + (x_1 + x_2)^2} - r_2$에서 $r_1 = 0$이므로
∴ $R = 1.5 - 0.3 = 1.2$

정답 ①

(2) 비례추이곡선

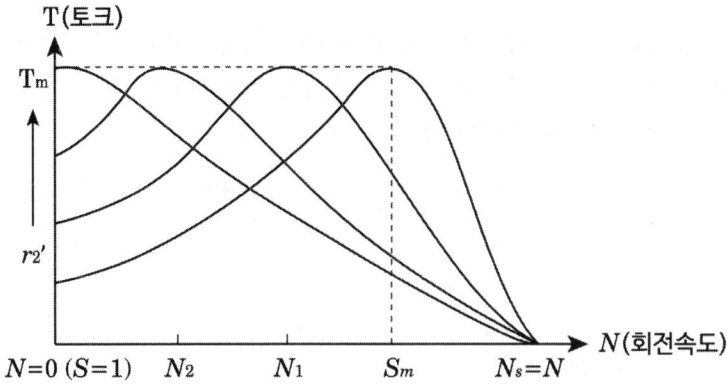

① 2차 저항(r_2') 증가 시 최대 토크(T_m)에 더 빨리 도달
② 최대 토크(T_m)는 항상 일정
③ 2차 저항 크기가 증가함에 따라 최대 토크가 $s:0 \to 1$ 방향으로 이동
④ r_2'(2차 저항)값이 클수록 기동 토크가 커지고 기동 전류는 작아진다.

(3) 비례추이 적용
① 비례추이가 가능한 것 : 1차, 2차 전류, 역률, 토크, 1차 입력(P_1)
② 비례추이가 불가능한 것 : 2차 입력(P_2), 2차 출력(P_0), 효율, 2차 동손(P_{c2})

예제 13

권선형 유도전동기의 속도 – 토크 곡선에서 비례추이는 그 곡선이 무엇에 비례하여 이동하는가?
① 슬립
② 회전수
③ 공급전압
④ 2차 저항

해설 비례추이

- 외부에서 저항을 증가
- 비례하여 슬립 증가
- 최대 토크 항상 일정
- $\dfrac{r_2}{s} = \dfrac{r_2 + R}{s'}$

정답 ④

4 유도전동기의 종속법

2대 이상의 유도전동기를 사용하여 한쪽 고정자를 다른 쪽 회전자와 연결하고 기계적으로 축을 연결하여 속도를 제어하는 방법

(1) 직렬접속 : $N = \dfrac{120f}{p_1 + p_2}$

(2) 차동접속 : $N = \dfrac{120f}{p_1 - p_2}$

(3) 병렬접속 : $N = \dfrac{120f}{\dfrac{p_1 + p_2}{2}} = \dfrac{240f}{p_1 + p_2}$

예제 14

12극과 8극인 2개의 유도전동기를 종속법에 의한 직렬접속법으로 속도제어할 때 전원주파수가 60[Hz]인 경우 무부하속도 N_0는 몇 [rps]인가?

① 5　　　　　　　　② 6
③ 200　　　　　　　④ 360

해설 유도전동기의 종속법(직렬접속)

- $N_o = \dfrac{120f}{p_1 + p_2} = \dfrac{120 \times 60}{12 + 8} = 360\,[rpm]$

- $360\,[rpm] = \dfrac{360}{60} = 6\,[rps]$

- 차동접속 : $N = \dfrac{120f}{p_1 - p_2}$

- 병렬접속 : $N = \dfrac{120f}{\dfrac{p_1 + p_2}{2}} = \dfrac{240f}{p_1 + p_2}$

정답 ②

06 단상 유도전동기

1 단상 유도전동기의 원리와 구조

(1) 원리
① 고정자권선에 단상전류를 흘리면 교번자계가 발생
② 회전자가 정지하고 있을 때는 회전력이 발생하지 않는다.
③ 역률과 효율이 나쁘고 무거워서 가정용과 소동력용으로 사용

(2) 구조
① 고정자 : 프레임에 0.35 [mm]의 얇은 규소강판을 성층한 것을 사용
② 회전자 : 철심에 구리나 알루미늄 막대를 끼우고 양단에 단락링으로 샤프트에 고정
③ 권선 : 주권선과 보조권선을 가지고 있으며 전기각 차이는 $\frac{\pi}{2}$ [rad]

(3) 특징
① 기동 시 기동 토크가 존재하지 않으므로 반드시 기동 장치가 필요
② 0.75 [kW] 이하의 소형이 많으며, 가정용 또는 휴대용 전원으로 간단히 운전이 가능
③ 기동 장치의 종류에 따라 단상 유도전동기를 구분

예제 15

단상 유도전동기와 3상 유도전동기를 비교했을 때 단상 유도전동기의 특징에 해당되는 것은?
① 대용량이다.　　　　　　　　② 중량이 작다.
③ 역률, 효율이 좋다.　　　　　④ 기동장치가 필요하다.

해설 단상 유도전동기

교번자계로는 기동 토크를 얻을 수 없으므로 반드시 기동장치가 필요하다.

정답 ④

---

2 단상 유도전동기의 구분

(1) 반발기동형
① 회전자 권선을 정류자와 브러시를 통해 단락시켜 회전자계 발생
② 정류자 불꽃으로 단락 장치의 고장이 쉽게 발생

③ 기동 토크가 가장 큰 전동기

④ 기동 후 원심력 개폐기를 이용하여 정류자를 자동적으로 단락

⑤ 브러시의 위치를 돌려주거나 고정자의 권선의 접속을 바꾸어주면 역회전

⑥ 브러시를 이동시켜 속도를 조정

(2) 반발유도형

① 반발기동형의 회전자권선(기동용)에 농형권선(운전용)을 병렬 연결하여 사용

② 반발기동형에 비해 최대 토크는 크지만 기동 토크는 작다.

③ 역률 및 효율이 반발기동형보다 우수

④ 부하 변동에 대한 속도 변화가 크다.

(3) 콘덴서기동형

① 기동 전류에 비해 기동 토크가 크지만, 커패시터를 설치해야 한다.

② 보조권선(기동권선)에 직렬로 콘덴서 접속해서 분상

③ 기동 완료 시 원심력에 의해 보조권선을 차단

④ 진상용 콘덴서의 90° 앞선 전류에 의한 회전자계를 발생시켜 기동하는 방식

⑤ 역률과 효율이 좋다.

⑥ 선풍기, 전기냉장고, 세탁기 등에 사용

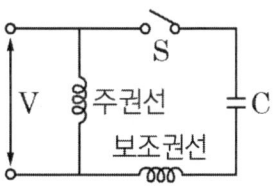

(4) 분상기동형

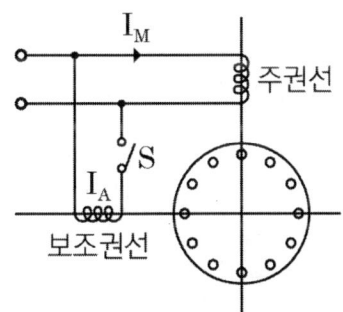

① 주권선과 90° 위치에 보조권선(기동권선)을 두고, 두 권선의 위상차에 의해 기동 토크가 발생

② 보조권선은 주권선보다 가는 코일을 사용하여 권선 저항이 크다.

③ 위상이 서로 다른 두 전류에 의해 회전자계가 발생

④ 동기 속도의 약 60~80 [%]가 되면 원심력 스위치에 의해 기동 권선이 분리

⑤ 별도의 보조권선을 사용하여 회전자계를 발생시켜 기동

⑥ 높은 토크를 발생시키려면 보조권선에 직렬로 저항을 삽입

(5) 셰이딩코일형
   ① 구조가 간단하고 기동 토크가 매우 작은 간단한 구조
   ② 효율과 역률이 좋지 않다.
   ③ 어떠한 경우에도 역회전 불가
(6) 모노사이클릭 기동형
   ① 3상 농형 전동기의 3상 권선에 저항과 리액턴스를 접속
   ② 불평형 3상 교류를 각 권선에 흘려서 기동하는 방법
   ③ 기동 토크가 매우 작고 효율이 나쁘다

3 기동 토크 크기에 대한 분류

(1) 기동 토크가 큰 순서
   반발기동형 > 반발유도형 > 콘덴서기동형 > 분상기동형 > 셰이딩코일형
(2) 기동 토크의 크기
   ① 반발기동형 : 300 [%] 이상
   ② 콘덴서기동형 : 200 ~ 250 [%] 이상
   ③ 분상기동형 : 125 [%] 이상
   ④ 셰이딩코일형 : 50 [%] 이상

예제 16

단상 유도전동기 중 기동 토크가 가장 작은 것은?

① 반발기동형　　　　　　② 분상기동형
③ 셰이딩코일형　　　　　④ 커패시티기동형

해설 기동 토크의 크기

반발기동형 > 반발유도형 > 콘덴서기동형 > 영구 콘덴서형 > 분상기동형 > 셰이딩코일형

정답 ③

07 기타 유도기

1 유도전압조정기

(1) 단상 유도전압조정기

① 전압조정 범위 : $V_2 = V_1 + E_2\cos\alpha\,[\text{V}]$

② 정격 출력(부하용량) : $P_2 = E_2 I_2\,[\text{VA}]$

③ 직렬권선과 분로권선으로 구성

④ 교번자계 이용(기동장치 필요)

⑤ 입·출력전압 사이에 위상차가 없음

⑥ 단락권선 필요

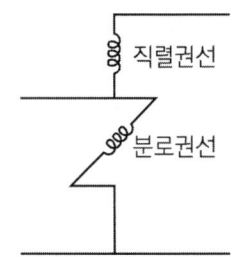

예제 17

기의 1차 전압 100 [V], 2차 전압 100 ± 30 [V], 2차 전류는 50 [A]이다. 이 전압조정기의 정격 용량은 약 몇 [kVA]인가?

① 1.5 ② 2.6 ③ 5 ④ 6.5

해설 유도전압조정기

- 전압 조정 범위
  $V_2 = (V_1 + E_2\cos\alpha)\,[\text{V}]$
- 조정 용량 $P = E_2 I_2 \times 10^{-3}\,[\text{kVA}]$
- $P = 30 \times 50 \times 10^{-3} = 1.5\,[\text{kVA}]$

정답 ①

(2) 3상 유도전압조정기

① 전압조정 범위 $V_2 = \sqrt{3}\,(E_1 \pm E_2)\,[\text{V}]$

② 정격출력(부하용량) $P_2 = \sqrt{3}\,E_2 I_2\,[\text{VA}]$

③ 회전자계를 이용

④ 입·출력전압 사이에 위상차 존재

⑤ 단락권선이 불필요

예제 18

단상 및 3상 유도전압조정기에 대한 설명으로 옳은 것은?

① 3상 유도전압조정기에는 단락권선이 필요없다.
② 3상 유도전압조정기의 1차, 2차 전압은 동상이다.
③ 단락권선은 단상 및 3상 유도전압조정기 모두 필요하다.
④ 단상 유도전압조정기의 기전력은 회전자계에 의해 유도된다.

해설 유도전압조정기

(1) 단상 유도전압조정기
- 교번자계 이용
- 단락권선 필요
- 입·출력전압 사이에 위상차가 없다.

(2) 3상 유도전압조정기
- 회전자계 이용
- 단락권선 불필요
- 입·출력전압 사이에 위상차가 있다.

정답 ①

2 특수 농형 유도전동기

(1) 2중 농형 유도전동기
① 회전자의 홈을 두 개의 층으로 제작
② 기동 권선과 운전 권선으로 나뉘어져 있어 기동장치 불필요
③ 기동전류가 낮고 기동 토크가 높아서 기동특성이 좋다.

(2) 티프슬롯 농형 유도전동기
① 회전자의 홈을 깊게 제작
② 기동전류가 높고 기동 토크가 낮아서 기동특성이 좋지 않다.

CHAPTER 06 정류자기 및 제어기기

01 교류정류자기

1 교류정류자기의 분류

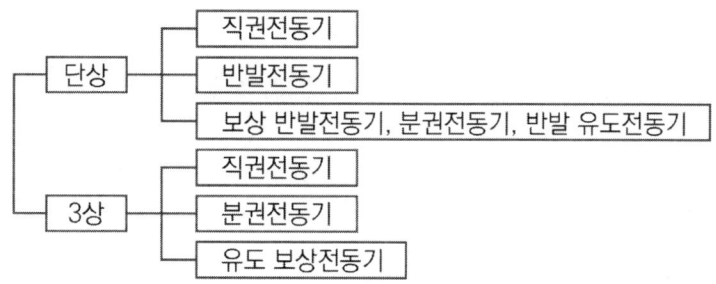

2 교류정류자기의 특징

(1) 교류정류자기의 장점

① 정류자의 주파수 변환 작용에 의해 동기 속도를 광범위하게 조정 가능

② 기동 토크가 크고, 기동장치가 필요 없는 경우가 많은 기기

③ 역률이 높은 편이며, 연속적인 속도제어가 가능

(2) 교류정류자기의 단점

① 고장이 생기기 쉬우며 복잡한 구조

② 좋지 않은 효율

③ 가격이 비싸며 유지비가 많이 발생

02 단상 정류자전동기

1 단상 직권 정류자전동기

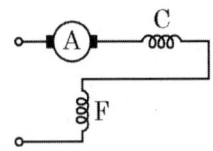

A : 전기자 C : 보상권선 F : 계자권선

(1) 종류 및 구조

① 직권형 : A, F가 직렬로 연결

② 보상 직권형 : A, C 및 F가 직렬로 연결

③ 유도보상 직권형 : A, F가 직렬로 되어 있고, C는 A에서 분리한 후 단락

예제 01

단상 정류자전동기에 보상권선을 사용하는 이유는?

① 정류 개선   ② 기동 토크 조절
③ 속도제어   ④ 역률 개선

해설 단상 직권 정류자전동기 보상 권선
- 전기자반작용 개선
- 역률 개선

정답 ④

---

(2) 특성

① 직류와 교류를 모두 사용 가능(만능전동기)

② 전기자코일과 정류자편 사이 고저항의 도선을 사용하여 변압기 기전력에 의한 단락 전류를 제한

③ 속도가 증가할수록 역률이 개선

④ 철손을 줄이기 위해 고정자와 회전자의 자로를 성층철심으로 제작

⑤ 전기자권선 수가 증가하면 전기자반작용이 커지므로 보상권선을 설치

⑥ 전기자권선의 권수를 계자권선보다 많게 감는 이유(약계자 강전기자형)
- 주자속을 크게 하고 토크를 증가시키기 위하여
- 속도기전력을 크게 하기 위하여
- 역률 저하 방지 및 정류 개선을 위하여
- 계자권선의 리액턴스강하 때문에
- 변압기 기전력을 적게 하여 역률 저하를 방지하기 위하여

(3) 용도 : 75 [W] 이하의 소출력
① 소형공구
② 영사기
③ 치과 의료용

예제 02

단상 직권 정류자전동기의 설명으로 틀린 것은?

① 계자권선의 리액턴스강하 때문에 계자권선 수를 적게 한다.
② 토크를 증가시키기 위해 전기자권선 수를 많게 한다.
③ 전기자반작용을 감소하기 위해 보상권선을 설치한다.
④ 변압기 기전력을 크게 하기 위해 브러시 접촉저항을 적게 한다.

해설 단상 직권 정류자전동기
- 역률저하 방지를 위해 변압기의 기전력을 작게 해야 한다.

정답 ④

---

2 단상 반발전동기

(1) 종류
① 톰슨전동기
② 데리전동기
③ 애트킨슨전동기

(2) 특성
① 간단한 구조로 제작이 용이
② 역률이 나쁘다.
③ 운전 속도에서 50 [%] 이상 이탈 시 정류작용의 약화가 심해진다.
④ 브러시를 이동하여 속도제어와 역회전이 가능

03 3상 정류자전동기

1 3상 직권 정류자전동기

(1) 구조와 원리
① 고정자권선과 전기자권선이 전원에 직렬로 연결
② 중간변압기를 이용하여 전압을 조정함으로써 속도제어가 가능

(2) 특징
① 속도 변화가 가능
② 브러시 이동으로 기동을 하며, 최대 기동 토크는 400 ~ 500 [%]
③ 토크는 전류의 제곱에 비례하고 회전 속도의 제곱에 반비례

(3) 용도 : 송풍기, 인쇄기, 공장기계같이 기동 토크가 크고 속도제어 범위가 넓은 곳에 사용

(4) 중간변압기의 사용목적
① 전원전압의 크기에 관계없이 정류자전압 조정이 가능
② 중간 변압기의 권수비를 조정하여 전동기 특성 조정이 가능
③ 경부하 시 직권특성에 따른 속도 상승 억제 가능

예제 03

3상 직권 정류자전동기의 중간 변압기의 사용 목적은?

① 역회전의 방지
② 역회전을 위하여
③ 전동기의 특성을 조정
④ 직권 특성을 얻기 위하여

해설 중간변압기 사용 목적(3상 직권 정류자전동기)

- 전원전압의 크기에 관계없이 정류자전압 조정
- 중간변압기의 권수비를 조정하여 전동기 특성 조정
- 경부하 시 직권특성에 따른 속도 상승 억제

정답 ③

2 3상 분권 정류자전동기(시라게전동기)

(1) 구조와 원리
   ① 고정자는 전원에 연결하고 전기자권선은 브러시에 연결
   ② 브러시의 간격을 조절하여 속도를 제어
   ③ 변압기를 사용하여 전원전압을 조정

(2) 특징
   ① 특성이 가장 뛰어나 널리 사용되는 전동기
   ② 정속도 특성
   ③ 전기자권선은 저전압, 대전류에 적합

예제 04

3상 분권 정류자전동기의 설명으로 틀린 것은?

① 변압기를 사용하여 전원전압을 낮춘다.
② 정류자권선은 저전압 대전류에 적합하다.
③ 부하가 가해지면 슬립의 발생 소요 토크는 직류전동기와 같다.
④ 특성이 가장 뛰어나고 널리 사용되고 있는 전동기는 시라게전동기이다.

해설 3상 분권 정류자전동기(시라게전동기)

- 3상 분권 정류자전동기는 권선형 유도전동기(교류 정류자전동기)의 일종으로 직류전동기와 다르다.

정답 ③

---

04 정류자형 주파수 변환기

1 정류자형 주파수 변환기

(1) 구조
   ① 회전자는 회전변류의 전기자와 거의 같은 구조
   ② 정류자와 3개의 슬립링이 연결
   ③ 브러시의 간격 : 자극마다 전기각이 $\dfrac{2\pi}{3}$
   ④ 소용량은 고정자 없이 회전자만으로 구성

(2) 특징
　① 유도전동기의 속도제어(2차 여자법)에 사용하며 역률 개선이 가능
　② 용량이 큰 것은 정류작용을 좋게 하기 위해 고정자에 보상권선과 보극권선을 설치
　③ 자기회로의 저항감소를 위해 권선이 없는 성층철심만으로 고정자를 설치
　④ 회전 방향과 속도에 따라 다향한 주파수를 얻는 것이 가능

예제 05

4극, 60 [Hz]의 정류자 주파수 변환기가 회전자계 방향으로 1440 [rpm]으로 회전할 때의 주파수는 몇 [Hz]인가?

① 8　　　② 10　　　③ 12　　　④ 15

해설 2차 주파수

- 2차 주파수 $f_2 = sf_1$
- 슬립 $s = \dfrac{N_s - N}{N_s}$

$N_s = \dfrac{120f}{p} = \dfrac{120 \times 60}{4} = 1800\,[\text{rpm}]$ 이므로　$s = \dfrac{1,800 - 1440}{1,800} = 0.2$

∴ $f_2 = sf_1 = 0.2 \times 60 = 12\,[\text{Hz}]$

정답 ③

05 제어기기

1 스테핑모터

(1) 특징
　① 모터의 회전각도는 입력하는 펄스 신호에 정확히 일치하므로 정확한 각도제어가 가능
　② 최소 단계별 각도 1.5°까지 정밀제어
　③ 가속과 감속은 펄스를 조정하면 간단히 제어
　④ 정·역전 및 변속도 용이
　⑤ 브러쉬 등이 필요 없으므로 유지보수가 용이
　⑥ 회전 속도는 스테핑 주파수에 비례
　⑦ 기동, 정지, 정·역회전의 높은 응답성

(2) 스텝각 : 1스텝당 회전하는 각도

$$1초당 스텝각(°) = 스텝각(°) \times 스테핑 주파수(pps)$$

(3) 회전 속도

$$n = \frac{1초당 스텝각}{360} [\text{rps}]$$

(4) 분해능 : 1회전당 스텝수

$$분해능 = \frac{360°}{스텝각}$$

예제 06

4극, 60 [Hz]의 정류자 주파수 변환기가 회전자계 방향으로 1440 [rpm]으로 회전할 때의 주파수는 몇 [Hz]인가?

① 10   ② 12   ③ 14   ④ 16

해설 스테핑(스텝)전동기

- 1초당 스텝각은 $3° \times 1200 [\text{pps}] = 3600°$
- 동기 속도일 때 1회전은 360°이므로

  스테핑전동기의 회전 속도는 $\frac{3600}{360} = 10 [\text{rps}]$

정답 ①

예제 07

스테핑전동기의 스텝각이 3°이면 분해능(Resolution)은 몇 [스텝/회전]인가?

① 180   ② 150   ③ 120   ④ 100

해설 스테핑전동기의 분해능

분해능이란 1회전당 스텝수이다.

∴ 분해능 $= \frac{360°}{스텝각} = \frac{360°}{3°} = 120$

정답 ③

2 서보모터

(1) 특징

① 시동 토크는 크나, 회전부의 관성 모멘트가 작고 전기적 시정수가 짧음
② 발생 토크는 입력신호에 비례하고 그 비가 큼
③ 직류 서보모터의 기동 토크가 교류 서보모터의 기동 토크보다 큼
④ 빈번한 시동, 정지, 역전 등의 가혹한 상태에 견디도록 견고하고, 큰 돌입전류에 견딜 수 있어야 함

(2) 2상 서보모터

① 2상 서보모터의 제어방식
- 전압제어
- 위상제어
- 전압 · 위상 혼합제어

② 2상 교류 서보모터를 구동 시 3상 전압을 얻는 방법 : 증폭기 내에서 위상을 조절

예제 08

서보모터의 특징에 대한 설명으로 틀린 것은?

① 발생 토크는 입력신호에 비례하고, 그 비가 클 것
② 직류 서보모터에 비하여 교류 서보모터의 시동 토크가 매우 클 것
③ 시동 토크는 크나 회전부의 관성 모멘트가 작고, 전기적 시정수가 짧을 것
④ 빈번한 시동, 정지, 역전 등의 가혹한 상태에 견디도록 견고하고, 큰 돌입전류에 견딜 것

해설 서보모터

직류 서보모터의 기동 토크가 교류 서보모터의 기동 토크보다 크다.

정답 ②

PART 02

필기

모아 전기산업기사

과년도 기출문제

2023년 1회

전기산업기사 — 전기기기

01 변압기 온도시험을 하는 데 가장 좋은 방법은?

① 실부하법
② 반환부하법
③ 단락시험법
④ 내전압시험법

해설 | 온도시험법
- 소형기 : 실부하법
- 대형기 : 반환부하법(가장 좋은 방법)

02 동기전동기의 V곡선(위상특성곡선)의 설명 중 맞는 것은? (단, I는 전기자전류, I_f는 계자전류)

① 과여자 시 I_f를 증가하면 뒤진 역률이 되며 I는 증가
② 과여자 시 I_f를 증가하면 앞선 역률이 되며 I는 증가
③ 부족여자 시 I_f를 감소하면 앞선 역률이 되며 I는 감소
④ 부족여자 시 I_f를 감소하면 앞선 역률이 되며 I는 증가

해설 | 위상특성곡선

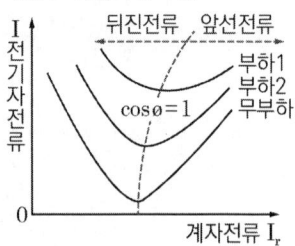

∴ 계자전류가 증가하면 앞선 역률, 감소하면 뒤진 전류가 흐른다.

03 단자전압이 220 [V], 부하전류가 50 [A]인 분권발전기의 유기기전력(V)은? (단, 전기자저항 0.2 [Ω], 계자전류 및 전기자 반작용은 무시한다)

① 210
② 225
③ 230
④ 250

해설 | 분권발전기 유기기전력
$E = V + I_a R_a \ (I_a = I + I_f)$
∴ $E = 220 + 50 \times 0.2 = 230 [\text{V}]$

04 3상 유도전동기의 기동법으로 사용되지 않는 것은?

① Y - △기동법
② 기동보상기법
③ 2차 저항에 의한 기동법
④ 극수변환기동법

해설 | 유도전동기기동법
- 권선형 유도전동기
  - 2차 저항기동법
  - 2차 임피던스기동법
  - 게르게스법
- 농형 유도전동기
  - 전전압기동법
  - Y - △기동법
  - 리액터기동법
  - 기동보상기법

정답 01 ② 02 ② 03 ③ 04 ④

05 교류와 직류 양쪽 모두에 사용 가능한 전동기는?

① 단상 분권 정류자전동기
② 단상 반발전동기
③ 셰이딩코일형 전동기
④ 단상 직권 정류자전동기

해설 | 단상 직권 정류자전동기
- 직류와 교류를 모두 사용
- 보상권선을 설치하여 역률 개선
- 75 [W] 이하의 소출력인 소형공구, 영사기, 치과 의료용 등에 많이 사용
- 전기자코일과 정류자편 사이 고저항의 도선을 사용하여 변압기 기전력에 의한 단락전류를 제한
- 철손을 줄이기 위해 고정자와 회전자의 자로를 성층

06 어느 변압기의 1차 권수가 3000인 변압기의 2차 측에 접속한 20 [Ω]의 저항은 1차 측으로 환산했을 때 8 [kΩ]으로 되었다고 한다. 이 변압기의 2차 권수는?

① 400
② 250
③ 150
④ 75

해설 | 변압기의 권수비(a)
- $a = \dfrac{N_1}{N_2} = \dfrac{E_1}{E_2} = \dfrac{I_2}{I_1} = \sqrt{\dfrac{R_1}{R_2}}$

$\Rightarrow \dfrac{3000}{N_2} = \sqrt{\dfrac{8000}{20}} = 20$

$\therefore N_2 = \dfrac{3000}{20} = 75$

07 유도전동기의 회전력 발생 요소 중 제곱에 비례하는 요소는?

① 슬립
② 2차 기전력
③ 2차 권선저항
④ 2차 임피던스

해설 | 유도전동기의 토크

$\tau = K_0 \dfrac{sE_2^2 r_2}{(r_2)^2 + (sx_2)^2}$

$\therefore$ 토크는 2차 기전력의 제곱과 비례

08 직류전압을 직접 제어하는 것은?

① 초퍼형 인버터
② 3상 인버터
③ 단상 인버터
④ 브리지형 인버터

해설 | 직류전동기 초퍼제어
- 반도체 사이리스터(SCR)를 이용하여 직류전압을 직접 제어하는 방식
- 전기철도의 속도제어에 사용

TIP 직직초

09 단상 반파정류회로에서 평균 출력전압은 전원전압의 약 몇 [%]인가?

① 45.0
② 66.7
③ 81.0
④ 86.7

해설 | 단상 정류회로
- 단상 반파정류회로

$E_d = \dfrac{\sqrt{2}}{\pi} E_a = 0.45 E_a$

- 단상 전파정류회로

$E_d = \dfrac{2\sqrt{2}}{\pi} E_a = 0.9 E_a$

정답 05 ④ 06 ③ 07 ② 08 ① 09 ①

10 정격전압 6000 [V], 용량 5000 [kVA]의 Y결선 3상 동기발전기가 있다. 여자전류 200 [A]에서의 무부하 단자전압 6000 [V], 단락전류 600 [A]일 때, 이 발전기의 단락비는 약 얼마인가?

① 0.25　　② 1
③ 1.25　　④ 1.5

해설 | 단락비
- $K = \dfrac{I_s}{I_n} = \dfrac{100}{\%Z}$
- $P = \sqrt{3}\,V_n I_n \Rightarrow I_n = \dfrac{P}{\sqrt{3}\,V_n}$

$I_n = \dfrac{5000 \times 10^3}{\sqrt{3} \times 6000} = 481\,[\text{A}]$ 이므로

$\therefore K = \dfrac{600}{481} = 1.25$

11 비례추이와 관계있는 전동기로 옳은 것은?

① 동기전동기
② 농형 유도전동기
③ 단상 정류자전동기
④ 권선형 유도전동기

해설 | 2차 저항기동법
권선형 유도전동기의 기동법으로 2차 회로에 가변 저항기를 접속하고 비례추이의 원리에 의하여 기동전류를 억제하고 큰 기동토크를 얻는 방법

12 터빈발전기의 출력이 1350 [kVA], 2극, 3600 [rpm], 11 [kV]일 때 역률 80 [%]에서 전부하 효율이 96 [%]라 하면 이때의 손실 전력[kW]은?

① 36.6　　② 45
③ 56.6　　④ 65

해설 | 발전기의 효율(η)
- $\eta = \dfrac{출력}{입력} \times 100$

$= \dfrac{출력}{출력 + 손실} \times 100\,[\%]$

- $0.96 = \dfrac{1350 \times 0.8}{1350 \times 0.8 + 손실}$

$\therefore$ 손실 $= \dfrac{1350 \times 0.8}{0.96} - 1350 \times 0.8$

$= 45\,[\text{kW}]$

13 단상 변압기 2대를 사용하여 3상 전원에서 2상 전압을 얻고자 할 때 가장 적합한 결선은?

① △　　② T
③ Y　　④ V

해설 | 상수변환 결선법
- 3상을 2상으로 변환
  스코트 (T)결선, 메이어결선, 우드브릿지결선
- 3상을 6상으로 변환
  2차 2중 △결선, 환상결선, 대각결선, 2차 2중 Y결선, Fork결선

정답　10 ③　11 ④　12 ②　13 ②

14 3상 동기기의 제동권선을 사용하는 주 목적은?

① 출력이 증가한다.
② 효율이 증가한다.
③ 역률을 개선한다.
④ 난조를 방지한다.

해설 | 제동권선
- 기동 토크 발생
- 동기기의 난조 현상 방지
- 부하 불평형 시, 전압과 전류의 파형 개선
- 단락 사고 시 이상전압 발생 억제

15 단상 직권 정류자전동기의 회전 속도를 높게 하였을 때 나타나는 주된 현상으로 옳은 것은?

① 리액턴스강하가 크게 된다.
② 전기자에 유도되는 역기전력이 적게 된다.
③ 역률이 개선된다.
④ 병렬회로 수가 증가한다.

해설 | 단상 직권 정류자전동기
- 직류와 교류를 모두 사용할 수 있는 전동기이다.
- 역률 저하방지 및 정류 개선을 위해 전기자권선의 권수를 계자권선보다 많게 한다 (약계자 강전기자형).
- 속도가 증가할수록 역률이 개선된다.
- 철손을 줄이기 위해 고정자와 회전자의 자로를 성층철심으로 한다.

16 정격전압 200 [V], 전기자전류 100 [A]일 때 1000 [rpm]으로 회전하는 직류 분권전동기가 있다. 이 전동기의 무부하속도는 약 몇 [rpm]인가? (단, 전기자저항은 0.1 [Ω], 전기자반작용은 무시한다)

① 1081   ② 1151
③ 1053   ④ 1181

해설 | 직류전동기의 속도(N)
$E = V - I_a R_a = K\phi N [V]$
- 무부하 시 $E_0 = V = 200 [V]$
- $E = 200 - 100 \times 0.1 = 190 [V]$
$N \propto E$ 이므로 $N_0 : N = E_0 : E$
$\therefore N_0 = \left(\frac{N \times E_0}{E}\right) = \left(\frac{1000 \times 200}{190}\right)$
$= 1052.63 [rpm]$

17 출력이 10 [kW]인 3상 농형 유도전동기를 기동하려고 할 때, 다음 중 가장 적당한 기동법은?

① 기동보상기법
② 2차 저항기동법
③ 전전압기동법
④ Y - △기동법

해설 | 농형 유도전동기기동법

기동 방법	기동 특성
전전압기동	5 [kW] 이하 소형
Y-△기동	5~15 [kW] 중형
기동보상기법	15 [kW] 이상

정답 14 ④ 15 ③ 16 ③ 17 ④

18 동기발전기의 돌발 단락전류를 제한하는 것은?

① 권선저항
② 누설리액턴스
③ 역상리액턴스
④ 동기리액턴스

해설 | 동기발전기
• 돌발 단락전류 억제 : 누설리액턴스
• 영구 단락전류 억제 : 동기리액턴스

누돌프동영상

19 직류발전기의 무부하 특성곡선은 다음 중 어느 관계를 표시한 것인가?

① 계자전류 - 부하전류
② 단자전압 - 계자전류
③ 단자전압 - 회전 속도
④ 부하전류 - 단자전압

해설 | 직류발전기의 특성곡선
• 무부하 포화특성곡선
  - 계자 전류와 단자전압(유기기전력)
• 부하특성곡선
  - 계자전류와 단자전압
• 외부특성곡선
  - 부하전류와 단자전압
• 내부특성곡선
  - 부하전류와 유기기전력

20 극수 6, 회전수 1200 [rpm]인 발전기와 병렬운전하는 극수가 8인 발전기의 회전수는 몇 [rpm]인가?

① 800
② 900
③ 1000
④ 1100

해설 | 발전기의 병렬운전 조건
기전력의 파형, 주파수, 위상, 크기가 같아야 한다.

$$N_s = \frac{120f}{P} \Rightarrow f = \frac{N_s P}{120}$$

$$f = \frac{1200 \times 6}{120} = 60 [Hz]$$

∴ 8극 발전기의 회전수
$$N_s = \frac{120 \times 60}{8} = 900 [rpm]$$

정답 18 ② 19 ② 20 ②

2023년 2회

전기산업기사 - 전기기기

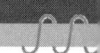

01 단상 직권 정류자전동기에서 주자속의 최대치를 ϕ_m, 자극수를 P, 전기자 병렬회로수를 a, 전기자 전 도체수를 Z, 전기자의 속도를 N [rpm]이라 하면 속도기전력의 실횻값 E_r [V]은? (단, 주자속은 정현파이다)

① $E_r = \sqrt{2}\,\dfrac{P}{a}Z\dfrac{N}{60}\phi_m$

② $E_r = \dfrac{1}{\sqrt{2}}\dfrac{P}{a}Z\phi_m N$

③ $E_r = \dfrac{P}{a}Z\dfrac{N}{60}\phi_m$

④ $E_r = \dfrac{1}{\sqrt{2}}\dfrac{P}{a}Z\dfrac{N}{60}\phi_m$

해설 | 전동기의 속도기전력

$E = \dfrac{PZ\phi N}{60a}$ 에서 자속이 최대일 때 유기기전력도 최댓값이므로 실횻값은 $\dfrac{E}{\sqrt{2}}$

02 변압기에서 부하에 관계없이 자속만을 만드는 전류는?

① 철손전류 ② 자화전류
③ 여자전류 ④ 교차전류

해설 | 무부하 전류

- $I_0 = I_i + I_\phi$, $|I_0| = \sqrt{I_i^2 + I_\phi^2}$
- I_i : 철손에 해당하는 전류
- I_ϕ : 자속을 만드는 데 소요되는 전류

03 8극과 4극 2개의 유도전동기를 종속법에 의한 직렬 종속법으로 속도제어를 할 때, 전원주파수가 60 [Hz]인 경우 무부하속도 [rpm]는?

① 600 ② 900
③ 1200 ④ 1800

해설 | 유도전동기 속도제어(종속법)

- 직렬접속 : $N = \dfrac{120f}{p_1 + p_2}$
- 차동접속 : $N = \dfrac{120f}{p_1 - p_2}$
- 병렬접속 : $N = \dfrac{120f}{\dfrac{p_1 + p_2}{2}} = \dfrac{240f}{p_1 + p_2}$

$N_s = \dfrac{120f}{P} = \dfrac{120 \times 60}{8+4} = 600$ [rpm]

04 차단기의 트립방식이 아닌 것은?

① 과전류 트립방식
② 인덕터 트립방식
③ 전압 트립방식
④ 부족전압 트립방식

해설 | 차단기의 트립방식

- 과전류 트립방식
- 직류전압 트립방식
- 교류전압 트립방식
- 부족전압 트립방식
- 콘덴서 트립방식

정답 01 ④ 02 ② 03 ① 04 ②

05 가동 복권발전기의 내부 결선을 바꾸어 분권발전기로 하려면?

① 직권 계자를 단락시킨다.
② 분권 계자를 단락시킨다.
③ 내분권 복권형으로 해야 한다.
④ 외분권 복권형으로 해야 한다.

해설 | 복권발전기

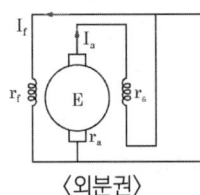
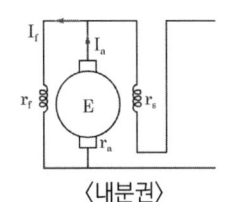

〈외분권〉　　　〈내분권〉

• 분권 계자를 개방 ⇒ 직권발전기
• 직권 계자를 단락 ⇒ 분권발전기

06 100 [kW], 100 [V]의 직류 분권발전기가 있다. 전기자권선의 저항이 0.025 [Ω]일 때 전압변동률은 몇 [%]인가?

① 6.0　　　② 12.5
③ 20.5　　　④ 25.0

해설 | 분권발전기의 전압변동률

$\epsilon = \dfrac{V_o - V_n}{V_n} \times 100$, $V_n = 100$ [V]

계자전류는 무시하면
$E = V_n + I_a R_a$
$= 100 + \dfrac{100 \times 10^3}{100} \times 0.025 = 125$ [V]

$\epsilon = \dfrac{125 - 100}{100} \times 100 = 25$ [%]

07 직류 분권전동기의 계자저항을 운전 중에 증가시키면?

① 전류 일정　　② 속도 증가
③ 속도 감소　　④ 속도 일정

해설 | 직류전동기의 속도
$N = k\dfrac{V - I_a R_a}{\phi}$ [rpm]

• 계자저항↑ ⇒ 계자전류↓
　　　　⇒ 자속↓ ⇒ 회전 속도↑

08 동기발전기의 자기여자 방지법이 아닌 것은?

① 분포리액터를 설치한다.
② 발전기 2대 또는 3대를 병렬로 모선에 접속한다.
③ 수전단에 동기조상기를 접속한다.
④ 충전전류를 공급한다.

해설 | 발전기의 자기여자작용
발전기의 자기여자는 진상전류가 원인이므로 충전전류(진상)를 공급하면 자기여자작용은 더욱 심해진다.

09 4극 7.5 [kW], 200 [V], 60 [Hz]인 3상 유도전동기가 있다. 전부하에서의 2차 입력이 7950 [W]이다. 이 경우의 2차 효율은 약 몇 [%]인가? (단, 기계손은 130 [W]이다)

① 92　　　② 94
③ 96　　　④ 98

해설 | 유도전동기의 2차 효율(η_2)

$$\eta_2 = \frac{P_2 - P_{c2}}{P_2} = 1 - s$$

- $P_{c2} = P_2 - P_0 - P_m$
  $= 7950 - 7500 - 130 = 320\,[\text{W}]$

$$\therefore \eta_2 = \frac{7950 - 320}{7950} = 0.96$$

해설 | 변압기유 구비 조건
- 절연내력이 높을 것
- 점도가 낮을 것
- 인화점이 높을 것
- 응고점이 낮을 것
- 다른 물질과 화학반응을 일으키지 말 것
- 가격이 저렴할 것

10 비돌극형 동기발전기의 단자 전압(1상)을 V, 유도기전력(1상)을 E, 동기 리액턴스(1상)를 X_s, 부하각을 δ라 하면 1상의 출력 [W]은 약 얼마인가?

① $\dfrac{EV}{x_s}\cos\delta$ ② $\dfrac{EV}{x_s}\sin\delta$

③ $\dfrac{E^2 V}{x_s}\cos\delta$ ④ $\dfrac{EV^2}{x_s}\cos\delta$

해설 | 동기발전기의 출력(비돌극형)

- 단상 : $P = \dfrac{EV}{x_s}\sin\delta\,[\text{W}]$
- 3상 : $P = 3 \times \dfrac{EV}{x_s}\sin\delta\,[\text{W}]$

※ 돌극형 $P = \dfrac{EV}{x_s}\sin\delta + \dfrac{V^2(x_d - x_q)}{2x_d x_q}\,[\text{W}]$

11 변압기유가 갖추어야 할 조건으로 옳은 것은?

① 절연내력이 낮을 것
② 인화점이 높을 것
③ 비열이 적어 냉각효과가 클 것
④ 응고점이 높을 것

12 100 [kVA], 6000/200 [V], 60 [Hz]이고 %임피던스강하 3 [%]인 3상 변압기의 저압 측에 3상 단락이 생겼을 경우의 단락전류는 약 몇 [A]인가?

① 5650   ② 9623
③ 17000   ④ 75000

해설 | 단락비

- $K = \dfrac{I_{2s}}{I_{2n}} = \dfrac{100}{\%Z}$, $I_{2s} = \dfrac{100}{\%Z} I_{2n}$ 에서

- $I_{2n} = \dfrac{P}{\sqrt{3}\,V_{2n}} = \dfrac{100 \times 10^3}{\sqrt{3} \times 200} = 288.7$

  이므로

$\therefore I_{2s} = \dfrac{100}{3} \times 288.7 = 9623\,[\text{A}]$

정답 10 ② 11 ② 12 ②

13 어떤 정류기의 부하전압이 220 [V]이고 맥동률이 4 [%]이면 교류분은 몇 [V]가 포함되어 있는가?

① 6.8 ② 7.6
③ 8.2 ④ 8.8

해설 | 맥동률
맥동률은 직류분에 포함된 교류분의 비를 나타낸 값이다.

- 맥동률 $= \dfrac{\text{교류분}}{\text{직류분}} \times 100\,[\%]$

$4 = \dfrac{\text{교류분}}{220} \times 100$

$\therefore$ 교류분 $= \dfrac{4 \times 220}{100} = 8.8\,[V]$

14 15 [HP], 800 [rpm]으로 회전하는 전동기의 토크는 약 몇 [N·m]인가?

① 120 ② 121
③ 134 ④ 140

해설 | 전동기의 토크
$\tau = 9.55 \times \dfrac{P_o}{N}\,[\text{N·m}]$

1 [HP] = 746 [W]이므로

$\therefore \tau = 9.55 \times \dfrac{15 \times 746}{800} = 133.6\,[\text{N·m}]$

15 10 [kW], 3상, 200 [V] 유도전동기의 전부하 전류는 약 몇 [A]인가? (단, 효율 및 역률 85 [%]이다)

① 60 ② 80
③ 40 ④ 20

해설 | 전부하 전류
- $P = \sqrt{3}\,VI\cos\theta \times \eta\,[W]$
- $I = \dfrac{P}{\sqrt{3}\,V\cos\theta\,\eta}\,[A]$

$\therefore I = \dfrac{10 \times 10^3}{\sqrt{3} \times 200 \times 0.85 \times 0.85} = 40\,[A]$

16 변압기의 철심이 갖추어야 할 조건으로 틀린 것은?

① 투자율이 클 것
② 전기저항이 작을 것
③ 성층철심으로 할 것
④ 히스테리시스손 계수가 작을 것

해설 | 변압기의 철심의 구비조건
- 히스테리시스 계수가 작을 것 (규소함유 약 4 [%])
- 투자율이 커서 자기저항이 작을 것
- 성층철심구조일 것

17 6극 단중 파권의 전기자도체 250개로 되어 있다. 매분 1200회전 한다고 한다면 유도기전력을 600 [V]로 하는 데 필요한 자속은 몇 [Wb]인가?

① 0.04 ② 0.16
③ 0.25 ④ 0.31

해설 | 직류기의 유도기전력
- $E = \dfrac{PZ\phi N}{60a}\,[V]$

$\Rightarrow 600 = \dfrac{6 \times 250 \times \phi \times 1200}{60 \times 2}$

$\therefore \phi = \dfrac{600 \times 60 \times 2}{6 \times 250 \times 1200} = 0.04\,[\text{Wb}]$

정답 13 ④ 14 ③ 15 ③ 16 ② 17 ①

18 단권변압기에서 1차 전압 100 [V], 2차 전압 110 [V]인 단권변압기의 자기용량과 부하용량의 비는?

① $\dfrac{1}{10}$　　② $\dfrac{1}{11}$
③ 10　　④ 11

해설 | 단권변압기의 용량비
• 용량비 $= \dfrac{\text{자기용량}}{\text{부하용량}} = \dfrac{V_h - V_\ell}{V_h}$
　　　$= \dfrac{110 - 100}{110} = \dfrac{1}{11}$

19 용접용으로 사용되는 직류발전기의 특성 중에서 가장 중요한 것은?

① 과부하에 견딜 것
② 전압변동률이 적을 것
③ 경부하일 때 효율이 좋을 것
④ 전류에 대한 전압특성이 수하특성일 것

해설 | 직류발전기의 특성
용접용으로 사용되는 차동복권발전기는 부하전류가 어느 정도 증가한 후 일정 값이 되는 수하특성을 가진다.

20 6극 직류발전기의 단자전압이 220 [V], 정류자의 편수가 132개 일 때, 정류자 편간전압은 몇 [V]인가? (단, 권선법은 중권이다)

① 10　　② 20
③ 30　　④ 40

해설 | 정류자 편간전압
$e = \dfrac{PE}{K} = \dfrac{6 \times 220}{132} = 10\,[\text{V}]$

E : 단자전압
P : 극수
K : 정류자 편수

정답　18 ②　19 ④　20 ①

2023년 3회

01 3상 유도전동기의 기계적 출력 P [kW], 슬립 s [%]로 운전할 때 2차 동손[kW]은?

① $\left(\dfrac{1-s}{s}\right)P$ ② $\left(\dfrac{s}{1-s}\right)P$

③ $\left(\dfrac{1+s}{s}\right)P$ ④ $\left(\dfrac{s}{1+s}\right)P$

해설 | 유도전동기의 손실
- 출력 $P = (1-s)P_2$
- 2차 동손 $P_{c2} = sP_2$
- $P_{c2} = \dfrac{s}{1-s}P$

02 3상 유도전동기의 원선도 작성 시 필요한 시험이 아닌 것은?

① 슬립 측정
② 무부하시험
③ 구속시험
④ 고정자권선의 저항 측정

해설 | 원선도 작성 시 필요한 시험
- 무부하시험
- 구속시험
- 저항 측정시험

03 1차 전압 6900 [V], 1차 권선 3000회, 권수비 20의 변압기가 60 [Hz]에 사용할 때 철심의 최대 자속 [Wb]은?

① 0.76×10^{-4} ② 8.63×10^{-3}
③ 80×10^{-3} ④ 90×10^{-3}

해설 | 변압기의 기전력
$E = 4.44fN\phi$ [V]
$\therefore \phi = \dfrac{E}{4.44fN} = \dfrac{6900}{4.44 \times 60 \times 3000}$
$= 8.63 \times 10^{-3}$ [Wb]

04 농형 전동기에서 전동기가 정격속도에 이르지 못하고 정격속도 이전의 낮은 속도에서 안정되어 버리는 현상을 무엇이라고 하는가?

① 크로우링 현상   ② 게르게스 현상
③ 자기포화 현상   ④ 비례추이 현상

해설 | 크로우링 현상
- 농형 전동기에서 고정자와 회전자의 슬롯 수가 적당하지 않을 경우(잘못 제작되었을 경우)에 발생하는 현상
- 농형 유도전동기에 고조파전류 등이 흐르게 되어 정격속도에 이르지 못하고 낮은 속도에서 안정화되어 버리는 현상(진동 및 소음 발생)
- 방지 대책 : 경사슬롯을 채용

정답 01 ② 02 ① 03 ② 04 ①

05 직류전동기 중 부하가 변하면 속도가 심하게 변하는 전동기는?

① 직류분권전동기
② 직류직권전동기
③ 차동복권전동기
④ 가동복권전동기

해설 | 직류직권전동기
- $I_a = I = I_f$ 이므로 $I = I_f \propto \phi$ 가 된다.
- 직권전동기의 회전 속도
  $N = \dfrac{V - I_a(R_a + R_s)}{k\phi}$
- 부하 변화에 대해 속도와 토크가 심하게 변한다.

06 변압기의 전부하동손이 300 [W], 철손이 75 [W]일 때, 이 변압기를 최고 효율로 운전하는 출력은 정격출력의 몇 배인가?

① 1/4
② 1/2
③ 2
④ 4

해설 | 최대 효율 조건
- $P_i = \left(\dfrac{1}{m}\right)^2 P_c$, $\dfrac{1}{m} = \sqrt{\dfrac{P_i}{P_c}}$

$\sqrt{\dfrac{P_i}{P_c}} = \sqrt{\dfrac{75}{300}} = \dfrac{1}{2}$

∴ $\dfrac{1}{2}$ 부하 시 최대 효율이 발생

07 3상 4극 유도전동기가 있다. 고정자의 슬롯 수가 24라면 슬롯과 슬롯 사이의 전기각은?

① 40°
② 30°
③ 20°
④ 10°

해설 | 유도전동기의 전기각
- 기계각 $= \dfrac{360°}{24} = 15°$
- 전기각 $=$ 기계각 $\times \dfrac{p}{2}$

  $= 15° \times \dfrac{4}{2} = 30°$

08 변압기에서 사용되는 변압기유의 구비조건으로 틀린 것은?

① 점도가 높을 것
② 응고점이 낮을 것
③ 인화점이 높을 것
④ 절연 내력이 클 것

해설 | 변압기유의 구비 조건
- 절연내력이 높을 것
- 점도가 낮을 것
- 인화점이 높을 것
- 응고점이 낮을 것
- 다른 물질과 화학반응을 일으키지 말 것
- 가격이 저렴할 것

09 4극 3상 유도전동기를 60 [Hz]의 전원에 접속하여 운전하고 있다. 회전자의 주파수가 3 [Hz]일 때의 회전자 속도[rpm]는?

① 1700 ② 1710
③ 1720 ④ 1730

해설 | 유도전동기 회전자 속도
$f_2 = sf_1$ 에서
$s = \dfrac{f_2}{f_1} = \dfrac{3}{60} = 0.05$
$\therefore N = (1-s)N_s = (1-s)\dfrac{120f}{p}$
$= (1-0.05) \times \dfrac{120 \times 60}{4}$
$= 1710\,[rpm]$

10 다음 중 직류전동기의 발전제동을 옳게 설명한 것은?

① 운전 중인 전동기의 전기자 접속을 반대로 접속한다.
② 전기자를 전원과 분리한 후 이를 외부저항에 접속하여 전동기의 운동에너지를 열에너지로 소비한다.
③ 전동기가 정지할 때까지 제동 토크가 감소하지 않는다.
④ 전동기를 발전기로 동작시켜 발생하는 전력을 전원으로 반환한다.

해설 | 직류전동기의 제동법
• 발전제동 : 발전기로 동작, 열로 소비 (전력소비)
• 회생제동 : 전원에 반송, 제동 효율 우수
• 역상제동 : 역회전시켜 제동, 급제동

11 동기발전기의 병렬운전 조건에서 같지 않아도 되는 것은?

① 기전력의 주파수
② 기전력의 용량
③ 기전력의 위상
④ 기전력의 크기

해설 | 동기발전기의 병렬운전 조건
• 기전력의 크기가 같을 것
• 기전력의 위상이 같을 것
• 기전력의 파형이 일치할 것
• 기전력의 주파수가 일치할 것
• 기전력의 상회전 방향이 같을 것(3상)

12 IGBT의 특징으로 틀린 것은?

① MOSFET처럼 전압제어 소자이다.
② GTO처럼 역방향 전압저지 특성을 가진다.
③ BJT처럼 온드롭(On-drop)이 일정한 전류제어 소자이다.
④ 게이트 - 이미터 간 입력임피던스가 매우 작아 BJT보다 구동하기 쉽다.

해설 | IGBT의 특징
• MOSFET + BJT + GTO
• 고전압 대전류 고속도 스위칭을 위해 턴온 또는 턴오프 시 높은 서지전압이 발생
• 게이트와 이미터 사이의 입력 임피던스가 매우 높아 BJT보다 구동하기 쉽다.
• BJT처럼 On-drop이 전류에 관계없이 낮고 거의 일정하며, MOSFET보다 훨씬 큰 전류를 흘릴 수 있다.
• 게이트 - 이미터 간 전압이 구동되어 입력 신호에 의해서 온/오프가 생기는 자기소호형소자

정답 09 ② 10 ② 11 ② 12 ④

13 유도전동기의 2차 동손을 P_c, 2차 입력을 P_2, 슬립을 s라 할 때, 이들 사이의 관계는?

① $s = \dfrac{P_c}{P_2}$ ② $s = \dfrac{P_2}{P_c}$

③ $s = P^2 \cdot P_c$ ④ $s = P_2 + P_c$

해설 | 유도전동기의 슬립

- $s = \dfrac{N_s - N}{N_s} = 1 - \dfrac{N}{N_s}$
- $s = \dfrac{P_2 - P_o}{P_2} = \dfrac{P_{c2}}{P_2}$

14 8극 60 [Hz]의 유도전동기가 부하를 연결하고 864 [rpm]으로 회전할 때, 54.134 [kg·m]의 토크를 발생 시 동기와트는 약 몇 [kW]인가?

① 48   ② 50
③ 52   ④ 54

해설 | 동기와트(P_2)
유도전동기가 동기 속도로 회전할 때의 토크 즉, 동기속도일 때의 2차 입력

- $\tau = 0.975 \dfrac{P_2}{N_s}$, $P_2 = \dfrac{1}{0.975} N_s \tau$

$N_s = \dfrac{120f}{P} = \dfrac{120 \times 60}{8} = 900\,[rpm]$

$\therefore P_2 = \dfrac{1}{0.975} \times 900 \times 54.134$
$= 49970\,[W] \fallingdotseq 50\,[kW]$

15 직류 분권발전기의 전기자권선을 단중 중권으로 감으면?

① 브러시 수는 극수와 같아야 한다.
② 균압선이 필요없다.
③ 높은 전압, 작은 전류에 적당하다.
④ 병렬회로 수는 항상 2이다.

해설 | 분권발전기 전기자권선

구분	중권	파권
구분	병렬권	직렬권
전압	저전압	고전압
전류	대전류	소전류
병렬회로 수(a)	$a = P$	$a = 2$
브러시 수(b)	$b = P$	$b = 2$
균압환	필요	불필요

16 단상 직권 정류자전동기의 기본형이 아닌 것은?

① 애트킨슨형   ② 직권형
③ 보상직권형   ④ 유도보상직권형

해설 | 단상 정류자전동기
- 직권전동기
  직권형, 보상직권형, 유도보상직권형
- 반발전동기
  톰슨, 데리, 애트킨슨

정답 13 ① 14 ② 15 ① 16 ①

17 부하전류가 50 [A]일 때, 단자전압이 100 [V]인 직류직권발전기의 부하전류가 70 [A]로 되면 단자전압은 몇 [V]가 되겠는가? (단, 전기자저항 및 직권계자권선의 저항은 각각 0.1 [Ω]이고, 전기자반작용과 브러시의 접촉저항 및 자기 포화는 모두 무시한다)

① 110　　② 114
③ 140　　④ 154

해설 | 직류직권발전기의 유기기전력
- $E = V + I_a(R_f + R_a)$
  $= 100 + 50(0.1 + 0.1) = 110\,[\text{V}]$
- 기전력은 부하전류에 비례하므로
  $E' = E \times \dfrac{70}{50} = 110 \times \dfrac{70}{50} = 154\,[\text{V}]$
  $154 = V' + 70(0.1 + 0.1)$ 이므로
  $\therefore V' = 154 - 14 = 140\,[\text{V}]$

18 비례추이와 관계가 있는 전동기는?

① 동기전동기
② 정류자전동기
③ 3상 농형 유도전동기
④ 3상 권선형 유도전동기

해설 | 2차 저항기동법
권선형 유도전동기의 기동법으로 2차 회로에 가변 저항기를 접속하고 비례추이의 원리에 의하여 기동전류를 억제하고 큰 기동 토크를 얻는 방법

19 동기 발전기의 돌발 단락전류를 주로 제한하는 것은?

① 누설리액턴스
② 동기리액턴스
③ 권선저항
④ 역상리액턴스

해설 | 동기발전기
- 돌발 단락전류 억제 : 누설리액턴스
- 영구 단락전류 억제 : 동기리액턴스

20 스테핑전동기의 스텝각이 3°이면 분해능(Resolution)은 몇 [스텝/회전]인가?

① 180　　② 150
③ 120　　④ 100

해설 | 스테핑전동기의 분해능
분해능이란 1회전당 스텝 수이다.
$\therefore$ 분해능 $= \dfrac{360°}{\text{스텝각}} = \dfrac{360°}{3°} = 120$

정답　17 ③　18 ④　19 ①　20 ③

2022년 1회

전기산업기사 — 전기기기

01 직류 분권발전기를 역회전하면?

① 섬락이 일어난다.
② 정회전 때와 마찬가지다.
③ 발전되지 않는다.
④ 과대전압이 유기된다.

해설 | 분권발전기의 역회전
회로의 계자전류가 반대로 흘러 잔류자기를 소멸시켜서 발전되지 않는다.

02 15 [kVA], 3000/200 [V] 변압기의 1차측 환산 등가임피던스가 5.4 + j6일 때, %저항강하 p와 %리액턴스강하 q는 각각 얼마인가?

① p = 0.9, q = 1   ② p = 0.7, q = 1.2
③ p = 1.3, q = 0.9 ④ p = 1.2, q = 1

해설 | 변압기의 등가변환

$$I_{1n} = \frac{P}{V_{1n}} = \frac{15 \times 10^3}{3000} = 5\,[A]$$

- $\%R = \dfrac{I_{1n} r_{12}}{V_{1n}} \times 100$
  $= \dfrac{5 \times 5.4}{3000} \times 100 = 0.9\,[\%]$

- $\%X = \dfrac{I_{1n} x_{12}}{V_{1n}} \times 100$
  $= \dfrac{5 \times 6}{3000} \times 100 = 1\,[\%]$

03 동기전동기의 안정도 향상 대책이 아닌 것은?

① 단락비가 클 것
② 조속기의 동작이 신속할 것
③ 관성 모멘트가 클 것
④ 동기 임피던스가 클 것

해설 | 동기전동기 안정도 향상 대책
- 단락비를 크게 할 것
- 정상 임피던스를 작게 할 것
- 영상 및 역상 임피던스를 크게 할 것
- 속응여자방식을 채용할 것
- 관성 모멘트를 크게 할 것
  (플라이휠 효과를 크게 할 것)
- 동기 임피던스를 작게 할 것
- 조속기 동작을 신속하게 할 것

04 와류손이 3 [kW], 3300/220 [V], 60 [Hz] 단상 변압기를 50 [Hz], 3000 [V]의 전원에 사용하면 이 변압기의 와류손은 약 몇 [kW]로 되는가?

① 1.7   ② 2.1
③ 2.3   ④ 2.5

해설 | 와류손과 전압의 관계
와류손은 전압의 제곱에 비례

$P_e : P_e{}' = 3300^2 : 3000^2$

$\therefore P_e{}' = 3 \times \left(\dfrac{3000}{3300}\right)^2 \fallingdotseq 2.5\,[\text{kW}]$

정답 01 ③ 02 ① 03 ④ 04 ④

05
도체 수 100, 극수 6, 자속수 3.14 [Wb] 단중 파권인 부하를 가하여 전기자에 2[A]의 전류가 흐르고 있는 직류 분권전동기의 토크는 몇 [N·m]인가?

① 200
② 300
③ 500
④ 600

해설 | 분권전동기의 토크

$\tau = K\phi I_a$, $\left(K = \dfrac{PZ}{2\pi a}\right)$

$\tau = \dfrac{PZ\phi I_a}{2\pi a}$

$= \dfrac{6 \times 100 \times 3.14 \times 2}{2\pi \times 2} = 300 \, [\text{N} \cdot \text{m}]$

06
직류기에서 가장 효과적인 전압정류 방법은?

① 탄소브러시를 사용한다.
② 계자를 이동시킨다.
③ 권선을 분리한다.
④ 보극을 설치한다.

해설 | 정류 개선 대책
- 평균리액턴스전압을 작게 할 것
- 자기인덕턴스 L을 작게 할 것
- 정류 주기를 크게 할 것
- 탄소브러시 사용(저항정류)
- 보극을 설치(전압정류)

07
V_1 = 4400 [V], N_1 = 2000회, 권수비가 20인 변압기가 60 [Hz]에 사용될 때 철심의 최대 자속은 몇 [Wb]인가?

① 8.26×10^{-3}
② 8.26×10^{-2}
③ 4.13×10^{-3}
④ 4.12×10^{-2}

해설 | 변압기의 유기기전력

$E_1 = 4.44 f N_1 \phi_m$

$\phi = \dfrac{E_1}{4.44 f N_1} = \dfrac{4400}{4.44 \times 60 \times 2000}$

$\fallingdotseq 0.00826$

$\therefore \phi = 8.26 \times 10^{-3} \, [\text{Wb}]$

08
1/4부하에서 효율이 최대인 주상변압기가 전부하일 때 철손과 동손의 비 P_c/P_i는 약 얼마인가?

① 1/16
② 1/4
③ 4
④ 16

해설 | 변압기의 최대 효율 조건

$\dfrac{1}{m}$ 부하일 때, 변압기의 최대 효율은 철손과 동손이 같을 때이므로

$P_i = \left(\dfrac{1}{m}\right)^2 P_c = \left(\dfrac{1}{4}\right)^2 P_c$

$\therefore \dfrac{P_c}{P_i} = 16$

정답 05 ② 06 ④ 07 ① 08 ④

09
4극 전기자권선이 단중 중권인 직류발전기의 전기자전류가 20 [A]이면 각 전기자권선의 병렬회로에 흐르는 전류(A)는?

① 4 [A] ② 5 [A]
③ 8 [A] ④ 10 [A]

해설 | 병렬회로에 흐르는 전류
중권이므로 병렬회로 수는 극수와 같다.
$$\therefore i_a = \frac{I_a}{a} = \frac{20}{4} = 5\,[A]$$

암 중국파이

10
단상 전파정류의 맥동률은?

① 0.17 ② 0.34
③ 0.48 ④ 0.86

해설 | 정류회로의 맥동률

정류 종류	단상 반파	단상 전파	3상 반파	3상 전파
맥동률[%]	121.1	48.4	17.7	4.04
정류효율[%]	40.5	81.	96.7	99.8
맥동주파수	f	2f	3f	6f

11
단상 정류자전동기에 보상권선을 사용하는 이유는?

① 정류 개선 ② 기동 토크 조절
③ 속도제어 ④ 역률 개선

해설 | 단상 직권 정류자전동기 보상권선
- 전기자반작용 개선
- 역률 개선

12
3상 유도전동기의 속도제어법이 아닌 것은?

① 1차 주파수제어 ② 2차 저항제어
③ 극수 변환법 ④ 1차 여자제어

해설 | 3상 유도전동기의 속도제어법
- 권선형
  2차 여자법, 2차 저항제어법, 종속법
- 농형
  주파수제어법, 극수 변환법, 전원전압 변환법

13
60 [Hz], 12극의 동기전동기 회전자계의 주변속도[m/s]는? (단, 회전자계의 극 간격은 1 [m]이다)

① 10 ② 31.4
③ 120 ④ 377

해설 | 회전자의 주변 속도
$$v_s = \pi D \frac{N_s}{60}$$
- $\pi D =$ 극수 × 극 간격 $= 12$
- 동기 속도 $N_s = \frac{120 \times 60}{12} = 600\,[\text{rpm}]$

$$\therefore v_s = 12 \times 1 \times \frac{600}{60} = 120\,[\text{m/s}]$$

14 비례추이와 관계가 있는 전동기는?

① 동기전동기
② 정류자전동기
③ 3상 농형 유도전동기
④ 3상 권선형 유도전동기

해설 | 2차 저항기동법
권선형 유도전동기의 기동법으로 2차 회로에 가변 저항기를 접속하고 비례추이의 원리에 의하여 기동전류를 억제하고 큰 기동토크를 얻는 방법

15 자기용량 10 [kVA]의 단권변압기를 그림과 같이 접속하였을 때 부하역률이 80 [%]라면 부하에 몇 [kW]의 전력을 공급할 수 있는가?

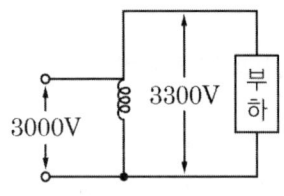

① 55
② 66
③ 77
④ 88

해설 | 변압기의 용량비
- $\dfrac{\text{자기 용량}}{\text{부하 용량}} = \dfrac{V_h - V_l}{V_h}$
- 부하 용량 = 자기 용량 $\times \left(\dfrac{V_h}{V_h - V_l}\right)$
  $= 10 \times \dfrac{3300}{3300 - 3000}$
  $= 110 \, [kVA]$
- $\cos\phi = 0.8$
- $\therefore P = 110 \times 0.8 = 88 \, [kW]$

16 유도전동기의 회전력에 대하여 옳게 설명한 것은?

① 단자전압에 비례
② 단자전압과 관계없음
③ 단자전압 2승에 비례
④ 단자전압 3승에 비례

해설 | 유도전동기의 토크
단자전압의 제곱에 비례한다.

17 단상 직권 정류자전동기의 설명으로 틀린 것은?

① 계자권선의 리액턴스강하 때문에 계자권선 수를 적게 한다.
② 토크를 증가시키기 위해 전기자권선 수를 많게 한다.
③ 전기자반작용을 감소하기 위해 보상권선을 설치한다.
④ 변압기 기전력을 크게 하기 위해 브러시 접촉저항을 적게 한다.

해설 | 단상 직권 정류자전동기
- 계자권선의 리액턴스강하 때문에 계자권선 수를 적게 한다.
- 토크를 크게 하기 위해 전기자권선 수를 크게 한다.
- 전기자권선 수가 증가하면 전기자반작용이 커지므로 보상권선을 설치한다.
- 전기자코일과 정류자편 사이 고저항의 도선을 사용하여 단락전류를 제한한다.
- 저항도선은 변압기 기전력에 의한 단락전류를 작게 한다.

정답 14 ④ 15 ④ 16 ③ 17 ④

18 동기발전기의 병렬운전 조건에서 같지 않아도 되는 것은?

① 기전력 ② 위상
③ 주파수 ④ 용량

해설 | 동기발전기의 병렬운전 조건
- 기전력의 크기가 같을 것
- 기전력의 위상이 같을 것
- 전력의 파형이 일치할 것
- 기전력의 주파수가 일치할 것

19 단상 유도전동기의 기동 방법 중 기동 토크가 가장 큰 것은?

① 반발기동형 ② 반발유도형
③ 콘덴서기동형 ④ 분상기동형

해설 | 기동 토크의 크기
반발기동형 > 반발유도형 > 콘덴서기동형 > 영구 콘덴서형 > 분상기동형 > 셰이딩코일형

20 전기자를 고정자로 하고, 계자극을 회전자로 한 회전자계형으로 가장 많이 사용되는 것은?

① 직류발전기 ② 회전변류기
③ 동기발전기 ④ 유도발전기

해설 | 동기발전기를 회전계자형으로 하는 이유
- 기계적으로 튼튼하다.
- 계자는 소요전력이 작고 절연이 용이하다.
- 계자가 회전자이지만 저전압 소용량의 직류이므로 구조가 간단하다.

정답 18 ④ 19 ① 20 ③

2022년 2회

전기산업기사 — 전기기기

01 발전기나 변압기 권선의 층간 단락 사고를 검출하는 계전기는?

① 과전압계전기
② 비율차동계전기
③ 방향단락계전기
④ 과전류계전기

해설 | 비율차동계전기
변압기 내부 고장 시 1차 전류와 2차 전류의 일정 비율차를 이용하여 내부 고장을 전기적으로 검출하는 것

02 동기조상기를 부족여자로 사용하면?

① 리액터로 작용
② 저항손의 보상
③ 일반 부하의 뒤진 전류를 보상
④ 콘덴서로 작용

해설 | 동기 조상기
- 부족여자운전
  뒤진전류가 흐르게 되어 지상 영역. 리액터로 동작
- 과여자운전
  앞선전류가 흐르게 되어 진상 영역. 콘덴서로 동작

03 3상 변압기의 임피던스가 Z [Ω]이고 선간전압이 V [kV], 정격용량이 P [kVA]일 때, %Z는?

① $\dfrac{PZ}{V^2}$ ② $\dfrac{PZ}{10V^2}$
③ $\dfrac{PZ}{100V^2}$ ④ $\dfrac{10PZ}{V^2}$

해설 | %동기임피던스
$$\%Z = \dfrac{I_n Z_s}{E_n} \times 100 = \dfrac{I_n Z_s}{\dfrac{V_n}{\sqrt{3}}} \times 100$$

$$= \dfrac{\sqrt{3}\, V_n I_n Z_s}{V_n^2} \times 100$$

$$= \dfrac{\sqrt{3}\, V_n I_n \times 10^3}{(V_n \times 10^3)^2} \times 100$$

$$= \dfrac{PZ_s}{10 V_n^2} \qquad E_n = 상전압$$

04 전기자 지름 0.1 [m]의 직류발전기가 1.5 [kW]의 출력에서 1700 [rpm]으로 회전하고 있을 때 전기자 주변속도는 약 몇 [m/s]인가?

① 8.9 ② 9.8
③ 10.89 ④ 11.8

해설 | 전기자의 주변속도
$$v = \pi D \dfrac{N}{60} \ [\text{m/s}]$$

$$\therefore v = \pi \times 0.1 \times \dfrac{1700}{60} = 8.9 \ [\text{m/s}]$$

정답 01 ② 02 ① 03 ② 04 ①

05 단상 변압기의 병렬운전 조건 중 옳지 않은 것은?

① 권수비가 같을 것
② 권선의 저항과 누설리액턴스의 비가 같을 것
③ %저항강하 및 %리액턴스강하가 같을 것
④ 출력이 같을 것

해설 | 변압기의 병렬운전 조건
- 극성이 같을 것
- 권수비, 1, 2차 정격전압이 같을 것
- %임피던스강하가 같고, 저항/리액턴스의 비가 같을 것
- 상회전 방향 및 위상 변위가 같을 것(3상일 때)

06 변압기의 철손이 P_i [kW], 전부하동손이 P_c [kW]일 때, 정격출력의 1/m인 부하를 걸었을 때 전손실[kW]은?

① $P_i + P_c\left(\dfrac{1}{m}\right)$
② $P_i + \left(\dfrac{1}{m}\right)^2 P_c$
③ $(P_i + P_c)\left(\dfrac{1}{m}\right)^2$
④ $P_i\left(\dfrac{1}{m}\right)^2 P_c$

해설 | 변압기의 손실
- 변압기 $\dfrac{1}{m}$ 부하 시 효율

$$\eta_{\frac{1}{m}} = \dfrac{\dfrac{1}{m}P\cos\theta}{\dfrac{1}{m}P\cos\theta + P_i + \left(\dfrac{1}{m}\right)^2 P_c} \times 100\,[\%]$$

- 전손실 : $P_i + \left(\dfrac{1}{m}\right)^2 P_c$

07 직류기에서 공극을 사이에 두고 전기자와 함께 자기회로를 형성하는 것은?

① 계자   ② 슬롯
③ 정류자 ④ 브러시

해설 | 계자(Field Magnet)
- 회전기 동작에 필요한 자계를 확립하기 위한 구조
- 계자권선에 전류를 흘려줌으로써 기자력에 의해 자속분포를 만들어내도록 한 것

08 변압기의 임피던스전압이란?

① 변압기 1차를 단락하고 2차에 저전압을 인가하여 2차 전류가 정격전류와 같도록 조정했을 때의 1차 전압
② 변압기 2차를 단락하고 1차에 저전압을 인가하여 2차 전류가 정격전류와 같도록 조정했을 때의 1차 전압
③ 변압기 2차를 단락하고 1차에 저전압을 인가하여 1차 전류가 정격전류와 같도록 조정했을 때의 1차 전압
④ 변압기 2차를 단락하고 1차에 저전압을 인가하여 1차 전류가 정격전류와 같도록 조정했을 때의 2차 전압

해설 | 임피던스전압
- 변압기 2차 측 단락 상태에서, 1차 측에 전압을 가하면서 1차 전류가 정격전류에 도달했을 때 1차 측 전압
- 정격전류에 의한 변압기 내의 전압강하

앞 2단111

정답 05 ④ 06 ② 07 ① 08 ③

09 유도전압조정기에 관하여 옳게 설명한 것은?

① 단락권선은 단상 및 3상 유도전압조정기 모두 필요하다.
② 3상 유도전압조정기에는 단락권선이 필요없다.
③ 3상 유도전압조정기의 1차와 2차 전압은 동상이다.
④ 단상 유도전압조정기의 기전력은 회전자계에 의해서 유도된다.

해설 | 유도전압조정기
(1) 단상 유도전압조정기
 • 교번자계 이용
 • 입·출력전압 사이에 위상차가 없음
 • 단락권선 필요
(2) 3상 유도전압조정기
 • 회전자계 이용
 • 입·출력전압 사이에 위상차가 있음
 • 단락권선 불필요

10 2방향성 3단자 사이리스터는?

① SCR ② SSS
③ SCS ④ TRIAC

해설 | 반도체 소자

구분	단방향성	양방향성
2단자	Diode	SSS, DIAC
3단자	SCR	TRIAC
	GTO	
	LA SCR	
4단자	SCS	-

11 유도전동기와 직류발전기를 직결하였다. 직류발전기의 출력은 P [kW], 유도전동기의 역률을 $\cos\theta$, 유도전동기의 효율을 η_m, 직류발전기의 효율을 η_g이라고 할 때 유도전동기의 입력[kVA]은?

① $\dfrac{P}{\cos\theta}$ ② $\dfrac{P}{\eta_m \eta_g}$

③ $\dfrac{P}{\cos\theta \, \eta_m \eta_g}$ ④ $\dfrac{P}{\eta_m}$

해설 | 원동기의 효율
발전기 출력 = 원동기 입력 × 역률 × 효율
∴ 원동기 입력 = $\dfrac{P}{\cos\theta \, \eta_m \eta_g}$

12 %임피던스강하가 4 [%]인 변압기가 운전중 단락되었을 때 단락전류는 정격전류의 몇 배가 흐르는가?

① 15   ② 20
③ 25   ④ 30

해설 | 변압기의 단락비
단락비 $K = \dfrac{I_s}{I_n} = \dfrac{100}{\%Z}$

$I_s = \dfrac{100}{\%Z} I_n = \dfrac{100}{4} \times I_n = 25 I_n$

13 3상 동기발전기의 매 극 매 상의 슬롯 수를 3이라고 하면, 분포권 계수는?

① $\sin\frac{2}{3}\pi$ ② $\sin\frac{3}{2}\pi$

③ $6\sin\frac{\pi}{18}$ ④ $\dfrac{1}{6\sin\frac{\pi}{18}}$

해설 | 분포권 계수

- $K_d = \dfrac{\sin\frac{\pi}{2m}}{q\sin\frac{\pi}{2mq}}$

- $m=3$, $q=3$이면

$$K_d = \frac{\sin\frac{\pi}{6}}{3\times\sin\frac{\pi}{2\times3\times3}} = \frac{\frac{1}{2}}{3\sin\frac{\pi}{18}}$$

$$= \frac{1}{6\sin\frac{\pi}{18}}$$

14 변압기의 권수가 4배가 되면 유기기전력은 몇 배가 되는가?

① 1/2   ② 1
③ 2   ④ 4

해설 | 변압기의 유기기전력
$E = 4.44fN\phi k_w$
∴ 유기기전력은 권수에 비례하므로 4배가 된다.

15 직류분권전동기가 단자전압 215 [V], 전기자전류 50 [A], 1500 [rpm]으로 운전되고 있을 때 발생 토크는 약 몇 [N·m]인가? (단, 전기자저항은 0.1 [Ω]이다)

① 6.8   ② 33.2
③ 46.8   ④ 66.9

해설 | 직류분권전동기의 토크

- $\tau = 9.55\dfrac{P_o}{N}[\text{N}\cdot\text{m}] = 0.975\dfrac{P_o}{N}[\text{kg}\cdot\text{m}]$

- $P = EI_a = (V-I_aR_a)I_a$
  $= (215-50\times0.1)\times50 = 10500$

∴ $\tau = 9.55\times\dfrac{10500}{1500} = 66.85[\text{N}\cdot\text{m}]$

16 6극인 직류발전기의 전기자 도체 수가 600, 단중 파권이고 매 극의 자속수 0.01 [Wb], 회전수 600 [rpm]일 때의 유도기전력[V]은?

① 150   ② 180
③ 200   ④ 250

해설 | 직류발전기의 유도기전력
$E = \dfrac{PZ\phi N}{60a}[\text{V}]$
$E = \dfrac{6\times600\times0.01\times600}{60\times2} = 180[\text{V}]$

정답 13 ④ 14 ④ 15 ④ 16 ②

17 동기발전기에서 전기자전류를 I, 유기기전력과 전기자전류와의 위상각을 θ라 하면 직축반작용을 나타내는 성분은?

① $I\tan\theta$
② $I\cot\theta$
③ $I\sin\theta$
④ $I\cos\theta$

해설 | 동기발전기의 전기자반작용
(1) 횡축반작용($I\cos\theta$ 성분)
   전기자 전류와 기전력이 동상인 경우
(2) 직축반작용($I\sin\theta$ 성분)
   • 전기자 전류가 기전력보다 90° 뒤진 경우
     감자작용(L만의 부하)
   • 전기자 전류가 기전력보다 90° 앞선 경우
     증자작용(C만의 부하)

18 주파수 60 [Hz], 슬립 0.2인 경우의 회전자 속도가 720 [rpm]일 때에 3상 유도전동기의 극수는?

① 4
② 8
③ 12
④ 16

해설 | 유도전동기의 회전자
• $N = (1-s)N_s = (1-s)\dfrac{120f}{P}$
• $P = (1-0.2) \times \dfrac{120 \times 60}{720} = 8$

19 단상 정류자전동기에 보상권선을 사용하는 이유는?

① 정류 개선
② 기동 토크 조절
③ 속도제어
④ 역률 개선

해설 | 단상 정류자전동기
• 전기자권선 수가 증가하면 전기자반작용이 커지므로 보상권선을 설치한다.
• 보상권선을 설치하여 필요 없는 자속을 상쇄시킴으로써 무효전력 증가에 따른 역률저하를 개선한다.

20 모터의 특징에 대한 설명으로 틀린 것은?

① 발생 토크는 입력신호에 비례하고, 그 비가 클 것
② 직류 서보모터에 비하여 교류 서보모터의 시동 토크가 매우 클 것
③ 기동 토크는 크나 회전부의 관성 모멘트가 작고, 전기적 시정수가 짧을 것
④ 빈번한 시동, 정지, 역전 등의 가혹한 상태에 견디도록 견고하고, 큰 돌입전류에 견딜 것

해설 | 서보모터
• 시동 토크는 크나, 회전부의 관성 모멘트가 작고 전기적 시정수가 짧다.
• 2상 교류 서보모터를 구동 시 증폭기 내에서 위상을 조절하여 3상 전압을 얻는다.
• 직류 서보모터의 기동 토크가 교류 서보모터의 기동 토크보다 크다.
• 2상 서보모터의 제어 방식 : 전압제어, 위상제어, 전압·위상 혼합제어

정답 17 ③ 18 ② 19 ④ 20 ②

2022년 3회

전기산업기사
전 기 기 기

01 전압이나 전류의 제어가 불가능한 소자는?

① IGBT ② SCR
③ GTO ④ Diode

해설 | 다이오드
전압이나 전류를 제어하기 위해서는 게이트가 필요하나 다이오드는 게이트가 없다.

02 권수비가 30인 단상 변압기의 전부하 2차 전압이 100 [V], 전압변동률이 3 [%]일 때, 1차 단자전압(V)는?

① 2980 ② 3010
③ 3090 ④ 3150

해설 | 전압변동률

• $\epsilon = \dfrac{V_{20} - V_{2n}}{V_{2n}} \times 100\,[\%]$

$0.03 = \dfrac{V_{20} - 100}{100} \times 100\,[\%]$

$V_{20} = 0.03 \times 100 + 100 = 103\,[V]$

• 권수비 $a = \dfrac{V_{10}}{V_{20}}$

∴ $V_{10} = 30 \times 103 = 3090\,[V]$

03 다음 단상 유도전동기 중 기동 토크가 가장 큰 것은?

① 반발기동형   ② 반발유도형
③ 콘덴서기동형 ④ 분상기동형

해설 | 기동 토크의 크기
반발기동형 > 반발유도형 > 콘덴서기동형 > 분상기동형 > 셰이딩코일형

04 3상 유도전동기에서 제5고조파에 의한 기자력의 회전 방향 및 속도가 기본파 회전자계에 대한 관계는?

① 기본파와 같은 방향이고 5배의 속도
② 기본파와 역방향이고 5배의 속도
③ 기본파와 같은 방향이고 $\dfrac{1}{5}$배의 속도
④ 기본파와 역방향이고 $\dfrac{1}{5}$배의 속도

해설 | 고조파의 회전
• 역상분(5, 11, 17, ⋯ 고조파)
  기본파와 반대방향으로 회전
• 영상분(3, 9, 15, ⋯ 고조파)
  기본파와 같은 방향으로 회전
• n고조파는 기본파에 비해 자극이 n배가 많으므로 1/n배의 속도로 같은 파형을 구현할 수 있다.

정답 01 ④ 02 ③ 03 ① 04 ④

05 3상 전원을 이용하여 2상 전압을 얻고자 할 때 사용하는 결선 방법은?

① Scott결선 ② Fork결선
③ 환상결선 ④ 2중 3각결선

해설 | 상수변환결선법
- 3상을 2상으로 변환
  스코트(T)결선, 메이어결선, 우드브릿지 결선
- 3상을 6상으로 변환
  2차 2중 △결선, 환상결선, 대각결선, 2차 2중 Y결선, Fork결선

06 3상 60 [Hz] 전원에 의해 여자되는 6극 권선형 유도전동기가 있다. 이 전동기가 1150 [rpm]으로 회전할 때 회전자 전류의 주파수는 몇 [Hz]인가?

① 1 ② 1.5
③ 2 ④ 2.5

해설 | 유도전동기 2차 주파수
$f_2 = sf_1$
$N_s = \dfrac{120f}{P} = \dfrac{120 \times 60}{6} = 1200\,[rpm]$
$s = \dfrac{1200 - 1150}{1200} = \dfrac{1}{24}$
$\therefore f_2 = \dfrac{1}{24} \times 60 = 2.5\,[Hz]$

07 유입식 변압기에 콘서베이터를 설치하는 목적으로 옳은 것은?

① 충격 방지 ② 열화 방지
③ 통풍 장치 ④ 코로나 방지

해설 | 콘서베이터
개방형 콘서베이터는 열화 방지에 가장 좋은 대책이다.

08 동기발전기의 병렬운전 조건이 아닌 것은?

① 기전력의 크기가 같을 것
② 기전력의 위상이 같을 것
③ 기전력의 임피던스가 같을 것
④ 기전력의 주파수가 같을 것

해설 | 동기발전기 병렬운전 조건
기전력의 파형, 주파수, 위상, 크기가 같아야 한다.

파주위크

09 출력이 40 [kW]인 직류발전기의 효율이 80 [%]이면 손실[kW]은 얼마인가?

① 2 ② 4
③ 10 ④ 16

해설 | 직류발전기의 손실
효율 $\eta = \dfrac{출력}{출력 + 손실}$
$0.8 = \dfrac{40}{40 + 손실}$
$\therefore 손실 = \dfrac{40}{0.8} - 40 = 10\,[kW]$

정답 05 ① 06 ④ 07 ② 08 ③ 09 ③

10 3상 동기 발전기의 전기자반작용은 부하의 성질에 따라 다르다. 잘못 설명한 것은?

① $\cos\theta \fallingdotseq 1$일 때, 즉 전압과 전류가 동상일 때에는 실제적으로 교차 자화작용을 한다.
② $\cos\theta \fallingdotseq 0$일 때, 즉 전류가 전압보다 90° 뒤질 때는 감자작용을 한다.
③ $\cos\theta \fallingdotseq 0$일 때, 즉 전류가 전압보다 90° 앞설 때는 증자작용을 한다.
④ $\cos\theta \fallingdotseq \phi$일 때, 즉 전류가 전압보다 ϕ 만큼 뒤질 때는 증자작용을 한다.

해설 | 기기의 전기자반작용
(1) 횡축반작용 : $I\cos\theta$ 성분
 • 전기자 전류와 기전력이 동상인 경우 : 교차자화작용(R만의 부하)
(2) 직축반작용 : $I\sin\theta$ 성분
 • 전기자 전류가 기전력보다 90° 늦은 경우 : 감자작용(L만의 부하)
 • 전기자 전류가 기전력보다 90° 앞선 경우 : 증자작용(C만의 부하)

11 3상 유도전동기의 동기속도는 주파수와 어떤 관계가 있는가?

① 비례 ② 반비례
③ 자승에 비례 ④ 자승에 반비례

해설 | 유도전동기의 동기속도
$N_s = \dfrac{120f}{P}$
∴ 속도는 주파수와 비례

12 6600/210 [V], 10 [kVA] 단상 변압기의 퍼센트 저항강하는 1.2 [%], 리액턴스강하는 0.9 [%]이다. 임피던스전압[V]은?

① 99 ② 81
③ 65 ④ 37

해설 | 임피던스전압($V_s = I_{1n} Z_{12}$)
$\%Z = \dfrac{I_{1n} Z_{12}}{V_{1n}} \times 100 = \dfrac{V_s}{V_{1n}} \times 100\,[\%]$

$V_s = \dfrac{\%Z \cdot V_{1n}}{100}$
$= \dfrac{\sqrt{1.2^2 + 0.9^2} \times 6{,}600}{100} = 99\,[V]$

13 단권변압기의 고압 측 전압을 V_1 [V], 저압 측 전압을 V_2 [V], 단권변압기의 자기용량을 P_n [kVA]이라 하면 부하용량[kVA]은?

① $\dfrac{V_2 - V_1}{V_1} \times P_n$ ② $\dfrac{V_2 - V_1}{V_2} \times P_n$
③ $\dfrac{V_1}{V_1 - V_2} \times P_n$ ④ $\dfrac{V_2}{V_1 - V_2} \times P_n$

해설 | 변압기의 용량비
$\dfrac{\text{자기용량}}{\text{부하용량}} = \dfrac{V_h - V_\ell}{V_h}$
∴ 부하용량 $= \dfrac{V_1}{V_1 - V_2} P_n$

14 직류전동기의 워드레오나드 속도제어 방식은?

① 전압제어 ② 직병렬제어
③ 저항제어 ④ 계자제어

해설 | 직류전동기의 속도제어
$$N = K\frac{V - I_a R_a}{\phi}[\text{rpm}]$$
① 전압제어(정토크제어)
  • 워드레오너드 방식
    광범위한 속도 조정, 효율 양호
  • 정지형 레오너드 방식
  • 일그너 방식
② 계자제어 : 구조 간단
③ 저항제어 : 효율 불량

15 1차 전압 3450 [V], 권수비 30의 단상 변압기가 전등부하에 15 [A]를 공급할 때의 입력은 약 몇 [kW]인가? (단, 역률은 1이다)

① 1.5 ② 1.7
③ 2.2 ④ 5.2

해설 | 권수비
• $a = \dfrac{I_2}{I_1}$, $I_1 = \dfrac{I_2}{a} = \dfrac{15}{30} = 0.5[\text{A}]$
• $P = VI\cos\theta = 3450 \times 0.5 \times 1 = 1725 [\text{W}]$
∴ $P ≒ 1.7 [\text{kW}]$

16 유도전동기의 슬립을 측정하려고 한다. 다음 중 슬립의 측정법이 아닌 것은?

① 전기동력계법
② 수화기법
③ 직류 밀리볼트계법
④ 스트로보 스코프법

해설 | 슬립 측정법
• 수화기법
• 직류 밀리볼트계법
• 스트로보 스코프법
  ⇒ 전기동력계법은 부하시험법

17 스테핑전동기의 스텝각이 1.8°이고, 스테핑주파수(Pulse Rate)가 6000 [pps]이다. 이 스테핑전동기의 회전 속도[rps]는?

① 10 ② 20
③ 30 ④ 40

해설 | 스테핑(스텝)전동기
• 1초당 스텝각은
  $1.8° \times 6000 [\text{pps}] = 10800°$
• 동기 속도일 때 1회전은 360° 회전
  스테핑전동기의 회전 속도는
  $v = \dfrac{10800}{360} = 30 [\text{rps}]$

18 교류발전기의 고조파 발생을 방지하는 데 적합하지 않은 것은?

① 전기자 슬롯을 스큐 슬롯으로 한다.
② 전기자권선의 결선을 Y형으로 한다.
③ 전기자반작용을 작게 한다.
④ 전기자권선을 전절권으로 감는다.

해설 | 교류발전기의 고조파 발생 방지법
- 전기자슬롯을 스큐 슬롯으로 한다.
- 전기자권선을 단절권으로 감는다.
- 전기자권선 결선은 Y(성형)결선으로 한다.
- 전기자반작용을 작게 한다.

19 6극 3상 유도전동기를 60 [Hz]의 전원에 접속하여 운전하고 있다. 회전자의 주파수가 6 [Hz]일 때 회전자 속도(rpm)는?

① 1020 [rpm] ② 1040 [rpm]
③ 1060 [rpm] ④ 1080 [rpm]

해설 | 유도전동기 회전자 속도

$f_2 = sf_1$ 에서

$s = \dfrac{f_2}{f_1} = \dfrac{6}{60} = 0.1$

$\therefore N = (1-s)N_s = (1-s)\dfrac{120f}{p}$

$= (1-0.1) \times \dfrac{120 \times 60}{6}$

$= 1080\ [rpm]$

20 전기설비 운전 중 계기용 변류기(CT)의 고장 발생으로 변류기를 개방할 때 2차 측을 단락해야 하는 이유는?

① 2차 측의 절연보호
② 1차 측의 과전류 방지
③ 2차 측의 과전류보호
④ 계기의 측정 오차 방지

해설 | 변류기 2차 개방 시 현상
- 1차 전류가 모두 여자전류가 됨
- 2차 측에 과전압을 유기하여 절연 파괴
∴ 절연 파괴 대책 : 변류기 2차 측 단락

2021년 1회

01 다음 중 3상 동기기의 제동권선의 주된 설치 목적은?

① 출력을 증가시키기 위하여
② 효율을 증가시키기 위하여
③ 역률을 개선하기 위하여
④ 난조를 방지하기 위하여

해설 | 제동권선
- 기동 토크 발생
- 난조 현상 방지
- 전압과 전류의 파형 개선
- 단락 사고 시 이상전압 발생 억제

02 3상 유도전동기의 원선도 작성에 필요한 기본량을 구하기 위한 시험이 아닌 것은?

① 충격전압시험   ② 저항 측정시험
③ 무부하시험   ④ 구속시험

해설 | 원선도
- 전동기의 간단한 시험 결과로부터 시스템의 동작 특성을 부여하는 원형의 궤적
- 원선도 작성에 필요한 시험
  무부하시험, 구속시험, 저항 측정시험

03 100 [V], 10 [A], 전기자저항 1 [Ω], 회전수 1800 [rpm]인 직류전동기의 역기전력은 몇 [V]인가?

① 120   ② 110
③ 100   ④ 90

해설 | 역기전력
$E_c = V - I_a R_a = 100 - 10 \times 1 = 90\,[V]$

04 다음 중 변압기유가 갖추어야 할 조건으로 옳은 것은?

① 절연내력이 낮을 것
② 인화점이 높을 것
③ 유동성이 풍부하고 비열이 적어 냉각 효과가 작을 것
④ 응고점이 높을 것

해설 | 변압기유 구비 조건
- 절연내력이 높을 것
- 점도가 낮을 것
- 인화점이 높을 것
- 응고점이 낮을 것
- 다른 물질과 화학반응을 일으키지 말 것
- 가격이 저렴할 것

정답 01 ④ 02 ① 03 ④ 04 ②

05
200 [kW], 200 [V]의 직류 분권발전기가 있다. 전기자권선의 저항 0.025 [Ω]일 때 전압변동률은 몇 [%]인가?

① 6.0　　　　② 12.5
③ 20.5　　　　④ 25.0

해설 | 전압변동률
- $\epsilon = \dfrac{V_o - V_n}{V_n} \times 100$
- $V_o = E = V_n + I_a R_a$
- $I_a = \dfrac{P}{V} = \dfrac{200 \times 10^3}{200} = 10^3 \, [A]$
- $\therefore \; V_o = 200 + 10^3 \times 0.025 = 225 \, [V]$

$\epsilon = \dfrac{V_o - V_n}{V_n} \times 100 = \dfrac{225 - 200}{200} \times 100$
$= 12.5 [\%]$

06
다음 중 인버터의 설명을 바르게 나타낸 것은?

① 직류 - 교류 변환
② 교류 - 교류 변환
③ 직류 - 직류 변환
④ 교류 - 직류 변환

해설 | 변환장치
- 컨버터 : 교류를 직류로
- 인버터 : 직류를 교류로
- 쵸퍼 : 직류를 직류로
- 사이클로 컨버터 : 교류를 교류로

07
변압기의 철손을 알 수 있는 시험은?

① 부하시험　　　② 무부하시험
③ 단락시험　　　④ 유도시험

해설 | 무부하시험 측정 가능 항목
여자전류, 자화전류, 철손전류, 여자 어드미턴스, 임피던스, 철손

08
권선형 유도전동기에서 2차 저항을 변화시켜서 속도제어를 할 경우 최대 토크는?

① 항상 일정하다.
② 2차 저항에만 비례한다.
③ 최대 토크가 생기는 점의 슬립에 비례한다.
④ 최대 토크가 생기는 점의 슬립에 반비례한다.

해설 | 권선형 유도전동기
최대 토크는 변하지 않고, 기동 토크는 2차 저항에 비례해서 변한다.

09
3상 권선형 유도전동기의 회전자에 슬립주파수의 전압을 공급하여 속도를 변화시키는 방법은?

① 교류 여자제어법　　② 1차 저항법
③ 주파수 변환법　　　④ 2차 여자제어법

해설 | 2차 여자제어법
3상 권선형 유도전동기의 슬립링을 통하여 슬립주파수의 전압을 공급하여 속도를 제어하는 방법으로 일종의 전압제어법

정답　05 ②　06 ①　07 ②　08 ①　09 ④

10 비돌극형 동기발전기의 단자전압(1상)을 V, 유도기전력(1상)을 E, 동기리액턴스(1상)를 X_s, 부하각을 δ라 하면 1상의 출력 [W]은 약 얼마인가?

① $\dfrac{EV}{x_s}\cos\delta$ ② $\dfrac{EV}{x_s}\sin\delta$

③ $\dfrac{E^2 V}{x_s}\cos\delta$ ④ $\dfrac{EV^2}{x_s}\cos\delta$

해설 | 동기발전기의 출력(비돌극형)
- 단상 : $P = \dfrac{EV}{x_s}\sin\delta\,[W]$
- 3상 : $P = 3 \times \dfrac{EV}{x_s}\sin\delta\,[W]$

※ 돌극형 $P = \dfrac{EV}{x_s}\sin\delta + \dfrac{V^2(x_d - x_q)}{2x_d x_q}$

11 10극, 3상 유도전동기가 있다. 회전자는 3상이고, 정지 시의 2차 1상의 전압이 150[V]이다. 이 회전자를 회전자계와 반대방향으로 400[rpm] 회전시키면 2차 전압은? (단, 1차 전원주파수는 50[Hz]이다)

① 150   ② 200
③ 250   ④ 300

해설 | 유도전동기 2차 전압
- $E_{2s} = sE_2$
- $N_s = \dfrac{120f}{p} = \dfrac{120 \times 50}{10} = 600\,[rpm]$
- $s = \dfrac{N_s - (-N)}{N_s} = \dfrac{600 + 400}{600} = 1.667$

(회전자계와 반대 방향이므로 N 대신 $-N$)
∴ $E_{2s} = 1.667 \times 150 = 250\,[V]$

12 정격 단자전압 V_n, 무부하 단자전압 V_0일 때, 동기발전기의 전압변동률[%]은?

① $\dfrac{V_n - V_0}{V_n} \times 100$

② $\dfrac{V_n - V_0}{V_0} \times 100$

③ $\dfrac{V_0 - V_n}{V_n} \times 100$

④ $\dfrac{V_0 - V_n}{V_0} \times 100$

해설 | 전압변동률
$\epsilon = \dfrac{V_0 - V_n}{V_n} \times 100$

13 △결선 변압기의 한 대가 고장으로 제거되어 V결선으로 공급할 때 공급할 수 있는 전력은 고장 전 전력에 대하여 몇 [%]인가?

① 57.7   ② 66.7
③ 75.0   ④ 86.6

해설 | V결선
- 이용률 $= \dfrac{\sqrt{3}}{2} = 0.866$
- 출력비 $= \dfrac{\sqrt{3}}{3} = 0.577$

14 다음 중 역률이 가장 좋은 전동기는?

① 단상 유도전동기
② 3상 유도전동기
③ 동기전동기
④ 반발전동기

정답 10 ② 11 ③ 12 ③ 13 ① 14 ③

해설 | 동기전동기
동기전동기는 계자 전류의 크기를 조정하여 역률을 항상 1로 운전할 수 있다.

15 용량 P [kVA]인 동일 정격의 단상 변압기 4대로 낼 수 있는 3상 최대 출력 용량은?

① 3P ② $\sqrt{3}\,P$
③ 4P ④ $2\sqrt{3}\,P$

해설 | 단상 변압기 용량
단상 변압기 4대 V결선 2 bank를 운영
$P_3 = 2P_V = 2\sqrt{3}\,P$ [kVA]

16 50 [Hz], 4극, 15 [KW]의 3상 유도전동기가 있다. 전부하 시의 회전수가 1450 [rpm]이라면 토크는 몇 [kg·m]인가?

① 약 68.52 ② 약 88.65
③ 약 98.68 ④ 약 10.07

해설 | 유도전동기 토크
$T = 0.975 \times \dfrac{P_o}{N} = 0.975 \times \dfrac{15000}{1450}$
$= 10.08 [\text{kg} \cdot \text{m}]$

17 단상 전파정류로 직류 450 [V]를 얻는데 필요한 변압기 2차 권선의 전압은 몇 [V]인가?

① 525 ② 500
③ 475 ④ 465

해설 | 단상 전파정류
$E_d = 0.9E$
$\therefore E = \dfrac{E_d}{0.9} = \dfrac{450}{0.9} = 500 [V]$

18 직류기에서 양호한 정류를 얻는 조건을 옳게 설명한 것은?

① 정류 주기를 짧게 한다.
② 전기자코일의 인덕턴스를 작게 한다.
③ 평균 리액턴스전압을 브러시 접촉저항에 의한 전압강하보다 크게 한다.
④ 브러시 접촉저항을 작게 한다.

해설 | 직류기 양호한 정류 얻는 조건
• 리액턴스전압을 작게 한다.
• 정류 주기를 길게 한다.
• 보극 설치한다.
• 인덕턴스를 작게 한다.
• 접촉저항이 큰 탄소브러시를 사용한다.

19 동기전동기에서 제동권선의 역할에 해당되지 않는 것은?

① 기동 토크를 발생한다.
② 난조 방지작용을 한다.
③ 전기자반작용을 방지한다.
④ 급격한 부하의 변화로 인한 속도의 요동을 방지한다.

해설 | 제동권선
- 기동 토크 발생
- 난조 현상 방지
- 전압과 전류의 파형 개선
- 단락 사고 시 이상전압 발생 억제

20 변압기의 내부고장 보호에 쓰이는 계전기로서 가장 적당한 것은?

① 과전류계전기
② 역상계전기
③ 접지계전기
④ 브흐홀츠계전기

해설 | 브흐홀츠계전기
유증기에 의하여 동작하므로 변압기 내부의 기계적 보호에 사용하는 계전기

2021년 2회

전기산업기사
전기기기

01 동기발전기의 병렬운전에 필요한 조건이 아닌 것은?

① 기전력의 주파수가 같을 것
② 기전력의 위상 같을 것
③ 임피던스 및 상회전 방향과 각 변위가 같을 것
④ 기전력의 크기가 같을 것

해설 | 동기발전기 병렬운전 조건
- 기전력의 크기가 같을 것
- 기전력의 위상이 같을 것
- 기전력의 파형이 일치할 것
- 기전력의 주파수가 일치할 것
- 기전력의 상회전 방향이 같을 것(3상)

02 어떤 변압기의 전부하동손이 270 [W], 철손이 120 [W]일 때, 이 변압기를 최고 효율로 운전하는 출력은 정격 출력의 약 몇 [%]가 되는가?

① 66.7
② 44.4
③ 33.3
④ 22.5

해설 | 변압기의 최고효율

최대 효율은 $\frac{1}{m^2}P_c = P_i$ 일 때

$\frac{1}{m} = \sqrt{\frac{P_i}{P_c}} = \sqrt{\frac{120}{270}} = 0.667$

03 3상 유도전동기의 특성 중 비례추이를 할 수 없는 것은?

① 동기속도
② 2차 전류
③ 1차 전류
④ 역률

해설 | 비례추이
- 가능 : 1,2차 전류, 역률, 동기와트
- 불가능 : 2차 입력, 출력, 효율, 동손, 동기속도

04 부하에 관계없이 변압기에 흐르는 전류로서 자속만을 만드는 것은?

① 1차 전류
② 철손전류
③ 여자전류
④ 자화전류

해설 | 변압기 여자전류
여자전류 = 자화전류 + 철손전류
$I_o = \sqrt{I_\phi^2 + I_i^2}$

정답 01 ③ 02 ① 03 ① 04 ④

05 직류기의 양호한 정류를 얻는 조건이 아닌 것은?

① 정류 주기를 크게 할 것
② 정류 코일의 인덕턴스를 작게 할 것
③ 리액턴스전압을 작게 할 것
④ 브러시 접촉저항을 작게 할 것

해설 | 양호한 정류 대책
- 리액턴스전압을 작게 한다.
- 인덕턴스를 작게 한다.
- 브러시는 접촉저항이 큰 탄소브러시를 사용한다.
- 정류 주기를 길게 한다.
- 보극을 설치한다.

06 권선형 유도전동기의 기동법은?

① 기동보상기법
② 2차 저항에 의한 기동법
③ 전전압기동법
④ Y - Δ기동법

해설 | 유도전동기기동법
- 권선형 유도전동기
  - 2차 저항기동법
  - 2차 임피던스기동법
  - 게르게스법
- 농형 유도전동기
  - 전전압기동법
  - Y-Δ기동법
  - 리액터기동법
  - 기동보상기법

07 전기자저항이 0.4 [Ω]이며, 단자전압이 200 [V], 부하전류가 46 [A], 계자전류가 4 [A]인 직류 분권발전기의 유기기전력은 몇 [V]인가?

① 180   ② 220
③ 225   ④ 240

해설 | 분권발전기의 유기기전력
- $E = V + I_a R_a$
- 분권발전기에서 $I_a = I + I_f$ 이므로
  $E = V + (I + I_f) R_a$
  $= 200 + (46 + 4) \times 0.4$
  $= 220 [V]$

08 3상 반파정류회로에서 직류전압의 파형은 전원전압의 주파수의 몇 배의 교류분을 포함하는가?

① 1   ② 2
③ 3   ④ 6

해설 | 맥동주파수

정류 종류	단상 반파	단상 전파	3상 반파	3상 전파
맥동률 [%]	121.1	48.4	17.7	4.04
정류효율 [%]	40.5	81.	96.7	99.8
맥동 주파수	f	$2f$	$3f$	$6f$

정답 05 ④ 06 ② 07 ② 08 ③

09 정전압 계통에 접속된 동기발전기는 그 여자를 약하게 하면?

① 출력이 감소한다.
② 전압이 강하된다.
③ 뒤진 무효전류가 증가한다.
④ 앞선 무효전류가 증가한다.

해설 | 동기발전기
- 발전기의 여자전류를 강하게 하면 지상분(뒤진) 무효전류 증가
- 발전기의 여자전류를 약하게 하면 진상분(앞선) 무효전류 증가

10 6극 200 [V], 10 [kW]의 3상 유도전동기가 960 [rpm]으로 회전하고 있을 때의 회전자 기전력의 주파수[Hz]는? (단, 전원의 주파수는 60 [Hz]이다)

① 12 ② 8
③ 6   ④ 4

해설 | 회전자 기전력의 주파수
회전 시 2차 주파수 $f_2 = s \cdot f_1$
$N_s = \dfrac{120f}{p} = \dfrac{120 \times 60}{6} = 1200 [\text{rpm}]$
$s = \dfrac{N_s - N}{N_s} = \dfrac{1200 - 960}{1200} = 0.2$
$\therefore f_2 = 0.2 \times 60 = 12 [\text{Hz}]$

11 3상 동기발전기에 무부하 전압보다 90° 늦은 전기자전류가 흐를 때 전기자반작용은?

① 교차자화 작용을 한다.
② 자기여자작용을 한다.
③ 감자작용을 한다.
④ 증자작용을 한다.

해설 | 동기발전기의 전기자반작용

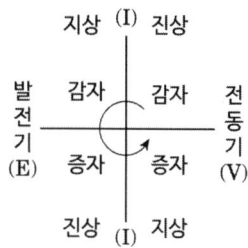

12 2000/100 [V] 변압기의 1차 임피던스가 Z [Ω]이면 2차로 환산한 임피던스[Ω]는?

① $\dfrac{Z}{400}$ ② $\dfrac{Z}{100}$
③ $100Z$ ④ $400Z$

해설 | 등가회로의 임피던스
권수비 $a = \sqrt{\dfrac{Z_1}{Z_2}} = \dfrac{V_1}{V_2} = \dfrac{2000}{100} = 20$

위의 식에서 $a^2 = \dfrac{Z_1}{Z_2}$ 이므로

$\therefore Z_2 = \dfrac{Z_1}{a^2} = \dfrac{Z_1}{20^2} = \dfrac{Z_1}{400}$

13 전기자반작용이 직류발전기에 영향을 주는 것을 설명한 것으로 틀린 것은?

① 전기자 중성축을 이동시킨다.
② 자속을 감소시켜 부하 시 전압강하의 원인이 된다.
③ 정류자 편간전압이 불균일하게 되어 섬락의 원인이 된다.
④ 전류의 파형은 찌그러지나 출력에는 변화가 없다.

해설 | 전기자반작용의 영향
- 전기적 중성축 이동
- 주자속 감소
- 섬락 발생
- 발전기의 출력 감소

14 백분율 저항강하 2 [%], 백분율 리액턴스 강하 3 [%]인 변압기가 있다. 역률(지상역률) 80 [%]인 경우의 전압변동률은?

① 1.4 ② 3.4
③ 4.4 ④ 5.4

해설 | 전압변동률
$\epsilon = p\cos\theta \pm q\sin\theta$
지상역률이므로
$\epsilon = p\cos\theta + q\sin\theta$
$\epsilon = 2.0 \times 0.8 + 3 \times 0.6 = 1.6 + 1.8$
$= 3.4 \, [\%]$

TIP 저고리싸

15 권선형 유도전동기 2대를 직렬종속으로 운전하는 경우의 속도는?

① 두 전동기 극수의 합을 극수로 하는 전동기의 동기속도이다.
② 두 전동기 중 큰 극수를 갖는 전동기의 동기속도이다.
③ 두 전동기 중 적은 극수를 갖는 전동기의 동기속도이다.
④ 두 전동기 극수의 차를 극수로 하는 전동기의 동기속도이다.

해설 | 권선형 유도전동기 종속법
- 직렬접속 $N = \dfrac{120f}{p_1 + p_2}$
- 차동 접속 $N = \dfrac{120f}{p_1 - p_2}$
- 병렬접속 $N = \dfrac{120f}{\dfrac{p_1+p_2}{2}} = \dfrac{240f}{p_1+p_2}$

16 철극형(凸극형) 발전기의 특징은?

① 소음이 많다.
② 회전이 빨라진다.
③ 중량이 가볍다.
④ 전기자반작용 자속수가 역률의 영향을 받는다.

해설 | 돌극형 발전기
- 단락비가 크다(안정도가 높다).
- 동기 임피던스가 작다.
- 반작용 리액턴스가 작다.
- 전압 변동률이 낮다.
- 중량이 크다.
- 과부하 내량이 증가(= 가격 상승)
- 전기자반작용 자속수가 역률의 영향을 받는다.

정답 13 ④ 14 ② 15 ① 16 ④

17 전압이나 전류의 제어가 불가능한 소자는?

① IGBT ② SCR
③ GTO ④ Diode

해설 | 반도체 소자
다이오드는 2단자 소자로 Gate가 없어서 전압이나 전류의 제어가 불가능하다.

18 단상 유도전동기의 기동 토크가 큰 순서로 되어 있는 것은?

① 반발기동, 분상기동, 콘덴서기동
② 분상기동, 반발기동, 콘덴서기동
③ 반발기동, 콘덴서기동, 분상기동
④ 콘덴서기동, 분상기동, 반발기동

해설 | 유도전동기의 기동 토크 크기순서
반발기동형 > 반발유도형 > 콘덴서기동형 > 분상기동형 > 셰이딩코일형

19 주파수 60 [Hz], 슬립 3 [%], 회전수 1164 [rpm]인 유도전동기의 극수는?

① 4 ② 6
③ 8 ④ 10

해설 | 유도전동기
$N = (1-s)N_s$ 에서
$N = (1-s)\dfrac{120f}{p}$
$1164 = (1-0.03)\dfrac{120 \times 60}{p}$
$\therefore p = \dfrac{0.97 \times 120 \times 60}{1164} = 6$

20 단상 반파정류로 직류전압 50 [V]를 얻으려고 한다. 다이오드의 최대 역전압(PIV)은 약 몇 [V]인가?

① 111 ② 141.4
③ 157 ④ 314

해설 | 다이오드 최대 역전압
• 단상 반파
  $PIV = \sqrt{2}\,E = \pi E_d = \pi \times 50 = 157\,[V]$
• 단상 전파
  - 다이오드 2개 : $PIV = 2\sqrt{2}\,E = \pi E_d$
  - 다이오드 4개 : $PIV = \sqrt{2}\,E = \dfrac{\pi}{2} E_d$

정답 17 ④ 18 ③ 19 ② 20 ③

2021년 3회

01 다음 중 권선형 유도전동기의 2차 여자제어법으로 사용되는 제어 방식은?

① 세르비우스 방식
② 플러깅 방식
③ 발전 방식
④ 회생 방식

해설 | 2차 여자제어법
3상 권선형 유도전동기의 슬립링을 통하여 슬립주파수의 전압을 공급하여 속도를 제어하는 방법으로 일종의 전압제어법이며 크래머 방식과 세르비우스 방식이 있다.

02 동기기의 전기자권선법이 아닌 것은?

① 중권
② 2층권
③ 분포권
④ 전절권

해설 | 동기기 전기자권선법
- 동기기는 2층권, 중권, 분포권, 단절권을 사용한다. 　　　　　　　암 이중분단
- 전절권은 단절권에 비해 유기기전력은 증가하지만 고조파로 인해 파형이 고르지 못해서 사용하지 않는다.
- 위와 같은 이유로 인해 집중권 대신 분포권을 사용한다.

03 Y결선 3상 동기발전기에서 극수 6, 1극의 자속수 0.16 [Wb], 회전수 1200 [rpm], 코일의 권수 186, 권선계수 0.96일 때 단자전압은 약 몇 [V]인가?

① 6591
② 9887
③ 13182
④ 19774

해설 | 동기발전기의 단자전압
Y결선이므로 선간전압 $V_\ell = \sqrt{3}\,V_p$
$V_p = E = 4.44 f N \phi K_w$
$f = \dfrac{p}{120} \times N = \dfrac{6}{120} \times 1200 = 60\,[Hz]$
$\therefore V_\ell = \sqrt{3} \times 4.44 f N \phi K_w$
$\quad = \sqrt{3} \times 4.44 \times 60 \times 186 \times 0.16 \times 0.96$
$\quad = 13182.53\,[V]$

04 단상 변압기 2대를 사용하여 3상 전원에서 2상 전압을 얻고자 할 때 가장 적합한 결선은?

① 스코트결선
② 대각결선
③ 2중3각결선
④ 포크결선

해설 | 상수변환결선법
- 3상을 2상으로 변환
  스코트 (T)결선, 메이어결선, 우드브릿지결선
- 3상을 6상으로 변환
  2차 2중 △결선, 환상결선, 대각결선, 2차 2중 Y결선, Fork결선

정답　01 ①　02 ④　03 ③　04 ①

05 3상 유도전동기의 원선도를 그리는 데 필요하지 않는 것은?

① 구속시험 ② 무부하시험
③ 슬립 측정 ④ 저항 측정

해설 | 원선도 작성 시 필요한 시험
- 무부하시험 : 무부하 전류와 철손 등을 구할 수 있다.
- 구속시험 : 회전자 동손을 구할 수 있다.
- 저항 측정시험 : 1차 동손을 구할 수 있다.

06 직류 분권전동기가 있다. 단자전압이 215 [V], 전기자전류가 50 [A], 전기자저항이 0.1 [Ω], 회전수가 1500 [rpm]일 때 발생 회전력은 몇 [N·m]인가?

① 66.8 ② 72.7
③ 81.6 ④ 91.2

해설 | 직류전동기의 토크
- $T = 9.55 \times \dfrac{P_o}{N} = 9.55 \times \dfrac{E_c I_a}{N}$
- $E_c = V - I_a R_a = 215 - 50 \times 0.1 = 210$

∴ $T = 9.55 \times \dfrac{E_c I_a}{N} = 9.55 \times \dfrac{210 \times 50}{1500}$
$= 66.85 [N \cdot m]$

07 변압기의 원리는?

① 전자유도작용을 이용
② 정전유도작용을 이용
③ 자기유도작용을 이용
④ 플레밍의 오른손법칙을 이용

해설 | 변압기의 원리
변압기는 전자유도작용을 이용하여 교류 전압과 전류의 크기를 변성하는 기기이다.

08 다음 중 부하의 변화에 대하여 속도 변동이 가장 큰 직류전동기는?

① 분권전동기
② 차동복권전동기
③ 가동복권전동기
④ 직권전동기

해설 | 직류전동기의 속도특성곡선
- 단자전압, 계자저항이 일정할 때 부하전류와 회전수 관계를 나타낸 곡선
- 속도변동률 크기
  - 직권 > 가동복권 > 분권 > 차동복권

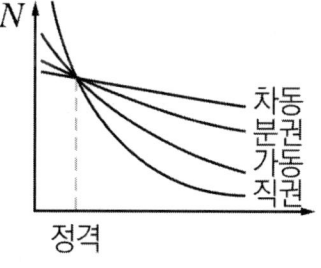

09 동기발전기에 관한 다음 설명 중 옳지 않은 것은?

① 단락비가 크면 동기 임피던스가 적다.
② 단락비가 크면 공극이 크고 철이 많이 소요된다.
③ 단락비를 적게 하기 위해서 분포권과 단절권을 사용한다.
④ 전압강하가 감소되어 전압 변동률이 좋다.

해설 | 동기기 전기자권선법
- 동기기는 2층권, 중권, 분포권, 단절권을 사용한다.
- 분포권과 단절권을 쓰는 이유는 고조파를 제거하여 파형을 개선하기 위해서이다.

10 2대의 변압기로 V결선하여 3상 변압하는 경우 변압기 이용률[%]은?

① 57.8   ② 66.6
③ 86.6   ④ 100

해설 | V결선
- 이용률 = $\frac{\sqrt{3}}{2}$ = 0.866
- 출력비 = $\frac{\sqrt{3}}{3}$ = 0.577

11 220 [V] 3상 유도전동기의 전부하 슬립이 4 [%]이다. 공급 전압이 10 [%] 저하된 경우의 전부하 슬립은?

① 4   ② 5
③ 6   ④ 7

해설 | 유도전동기의 슬립
$s \propto \frac{1}{V^2}$ 이므로

$s' = s \times \left(\frac{1}{0.9}\right)^2 = 4 \times \left(\frac{1}{0.9}\right)^2 = 4.94\%$

12 SCR을 사용한 단상 브리지 정류회로에 의하여 실횻값 200 [V]의 교류 전압을 정류할 경우 직류출력전압[V]은? (단, 제어각은 30도이다)

① 87.6   ② 120.5
③ 155.9   ④ 173.2

해설 | 단상전파 정류회로의 직류전압
- 직류전압 $E_d = \frac{2\sqrt{2}E}{\pi}\left(\frac{1+\cos\alpha}{2}\right)$
- 단, 부하전류가 연속하거나 인덕턴스가 ∞인 경우 직류전압(E_d)은

$E_d = \frac{2\sqrt{2}}{\pi}E\cos\alpha = 0.9E\cos\alpha$

문제에서 조건이 없지만 부하전류가 연속인 경우의 식을 이용해야만 보기 중에서 답이 나온다.

∴ $E_d = 0.9 \times 200 \times \frac{\sqrt{3}}{2} = 155.9[V]$

13 병렬운전을 하고 있는 2대의 3상 동기발전기 사이에 무효순환전류가 흐르는 경우는?

① 여자전류의 변화
② 부하의 증가
③ 부하의 감소
④ 원동기의 출력변화

정답 09 ③   10 ③   11 ②   12 ③   13 ①

해설 | 무효순환전류
- 동기발전기의 기전력의 크기가 서로 다를 경우 무효순환전류가 흐른다.
- 무효순환전류 $I_c = \dfrac{E_1 - E_2}{2Z_s}$ [A]

14 사이리스터에서의 래칭전류에 관한 설명으로 옳은 것은?

① 게이트를 개방한 상태에서 사이리스터 도통 상태를 유지하기 위한 최소의 순전류
② 게이트 전압을 인가한 후에 급히 제거한 상태에서 도통 상태가 유지되는 최소의 순전류
③ 사이리스터의 게이트를 개방한 상태에서 전압을 상승하면 급히 증가하게 되는 순전류
④ 사이리스터가 턴온하기 시작하는 순전류

해설 | 래칭전류
SCR을 턴온시키기 위하여 게이트에 흘려야 할 최소 전류(80 [mA] 이상)

15 유도전동기의 특성에 관한 설명으로 옳은 것은?

① 최대 토크는 2차 저항과 반비례한다.
② 최대 토크는 슬립과 반비례한다.
③ 발생 토크는 전압의 2승에 반비례한다.
④ 발생 토크는 전압의 2승에 비례한다.

해설 | 유도전동기의 토크 특성
- 유도전동기 : $T \propto V^2$
- 동기전동기 : $T \propto V$

16 20 [kVA]의 단상변압기가 역률 1일 때 전부하 효율이 97 [%]이다. 3/4부하일 때 이 변압기는 최고 효율을 나타낸다. 전부하에서 철손(P_i)와 동손(P_c)은 약 몇 [W]인가?

① $P_i = 222$, $P_c = 396$
② $P_i = 232$, $P_c = 386$
③ $P_i = 242$, $P_c = 376$
④ $P_i = 252$, $P_c = 356$

해설 | 변압기의 최고효율
- $P_i = \left(\dfrac{3}{4}\right)^2 P_c = 0.5625 P_c$ 일 때 최대 효율
- 전부하 효율 $\eta = \dfrac{P}{P+P_i+P_c} \times 100$ [%]

$0.97 = \dfrac{20 \times 10^3}{20 \times 10^3 + 0.5625 P_c + P_c}$

$1.5625 P_c + 20 \times 10^3 = \dfrac{20 \times 10^3}{0.97}$

$\therefore P_c = \left(\dfrac{20 \times 10^3}{0.97} - 20 \times 10^3\right) \times \dfrac{1}{1.5625} = 396$

$P_i = 0.5625 P_c = 0.5625 \times 396 = 222$

17 변압기 단락시험에서 계산할 수 있는 것은?

① 백분율 전압강하, 백분율 리액턴스강하
② 백분율 저항강하, 백분율 리액턴스강하
③ 백분율 전압강하, 여자 어드미턴스
④ 백분율 리액턴스강하, 여자 어드미턴스

해설 | **변압기 단락시험 측정 가능 항목**
단락전압, 정격전류, 동손, 내부 임피던스, 권선저항, 누설 자속, 임피던스 와트(동손), 임피던스전압, %저항강하, %리액턴스강하

18 동기전동기의 기동법으로 옳은 것은?

① 직류초퍼법, 기동전동기법
② 자기동법, 기동전동기법
③ 자기동법, 직류초퍼법
④ 계자제어법, 저항제어법

해설 | **동기전동기기동법**
- 유도전동기법
- 자기기동법

19 트랜지스터에 비해 스위칭 속도가 매우 빠른 이점이 있는 반면에 용량이 적어서 비교적 저전력용에 주로 사용되는 전력용 반도체 소자는?

① SCR   ② GTO
③ IGBT   ④ MOSFET

해설 | **반도체 소자 (MOSFET)**
- 온/오프 제어가 가능한 소자이다.
- 비교적 스위칭 시간이 짧아 높은 스위칭 주파수로 사용할 수 있다.
- 소형의 전력을 다루고 고주파 스위칭을 요구하는 응용분야에 주로 사용한다.

20 전기철도에 주로 사용되는 직류전동기는?

① 직권전동기
② 타여자전동기
③ 자여자분권전동기
④ 가동복권전동기

해설 | **직류전동기**
직권전동기는 큰 기동 토크를 요구하는 전기철도, 기중기 등에 사용된다.
- 직권전동기 $T \propto I_a^2$
- 분권, 타여자전동기 $T \propto I_a$

2020년 1, 2회

전기산업기사 — 전기기기

01
단상 다이오드 반파정류회로인 경우 정류효율은 약 몇 [%]인가? (단, 저항부하인 경우이다)

① 12.6 ② 40.6
③ 60.6 ④ 81.2

해설 | 다이오드 정류회로

정류 종류	단상 반파	단상 전파	3상 반파	3상 전파
맥동률 [%]	121.1	48.4	17.7	4.04
정류효율 [%]	40.5	81.2	96.7	99.8
맥동 주파수	f	$2f$	$3f$	$6f$

02
직류발전기의 병렬운전에서 균압모선을 필요로 하지 않는 것은?

① 분권발전기   ② 직권발전기
③ 평복권발전기 ④ 과복권발전기

해설 | 균압모선
병렬운전을 안정하게 유지하기 위해 설치한다. 직권발전기, 복권발전기는 균압모선이 필요하다.

03
3상 유도전동기의 전원 측에서 임의의 2선을 바꾸어 접속하여 운전하면?

① 즉각 정지된다.
② 회전 방향이 반대가 된다.
③ 바꾸지 않았을 때와 동일하다.
④ 회전 방향은 불변이나 속도가 약간 떨어진다.

해설 | 유도전동기의 역회전
3상 유도전동기의 3선 중 2선을 바꾸면 회전 방향이 반대가 되면서 역상제동이 발생된다. 급제동 시 사용한다.

04
직류 분권전동기의 정격전압 220 [V], 정격전류 105 [A], 전기자저항 및 계자회로의 저항이 각각 0.1 [Ω] 및 40 [Ω]이다. 기동전류를 정격전류의 150 [%]로 할 때의 기동저항은 약 몇 [Ω]인가?

① 0.46 ② 0.92
③ 1.21 ④ 1.35

해설 | 분권전동기 기동 시 기동저항
기동 시 $E = 0$이므로 $V = I_a R_a$
$I_s = 105 \times 1.5 = 157.5 \, [A]$
$I_f = \dfrac{V}{R_f} = \dfrac{220}{40} = 5.5 \, [A]$
$I_a = I_s - I_f = 152, \dfrac{V}{R_a + R_s} = I_a$
$R_s = \dfrac{V}{I_a} - R_a = \dfrac{220}{152} - 0.1 = 1.35 \, [\Omega]$

정답 01 ② 02 ① 03 ② 04 ④

05 전기자저항과 계자저항이 각각 0.8 [Ω]인 직류직권전동기가 회전수 200 [rpm], 전기자전류 30 [A]일 때 역기전력은 300 [V]이다. 이 전동기의 단자전압을 500 [V]로 사용한다면 전기자전류가 위와 같은 30 [A]로 될 때의 속도(rpm)는? (단, 전기자 반작용, 마찰손, 풍손 및 철손은 무시한다)

① 200
② 301
③ 452
④ 500

해설 | 직류직권전동기의 속도
$E = K\phi N$, $E \propto N$

- 단자전압이 500[V]일 때의 역기전력
$$E_c = V - I_a(R_a + R_f)$$
$$= 500 - 30(0.8 + 0.8) = 452\ [V]$$

- $E \propto N$ 이므로
$$300[V] : 200[rpm] = 452[V] : N[rpm]$$
$$\therefore N = \frac{200 \times 452}{300} = 301\ [rpm]$$

06 수은정류기에 있어서 정류기의 밸브작용이 상실되는 현상을 무엇이라고 하는가?

① 통호
② 실호
③ 역호
④ 점호

해설 | 역호 현상
음극에 대해 부전위로 있는 양극에 어떠한 원인에 의해 음극점이 형성되어 정류기의 밸브작용이 상실되는 현상

07 3상 유도전동기의 전원주파수와 전압의 비가 일정하고 정격속도 이하로 속도를 제어하는 경우 전동기의 출력 P와 주파수 f와의 관계는?

① $P \propto f$
② $P \propto 1/f$
③ $P \propto f^2$
④ P는 f에 무관

해설 | 전동기의 출력(P_o)
$$\tau = 0.975 \frac{P_o}{N}\ [kg \cdot m]$$
$$P_o = \frac{1}{0.975} N\tau = 1.026 \frac{120f}{p} \tau\ [W]$$
$$\therefore P_o \propto f$$

08 SCR에 대한 설명으로 옳은 것은?

① 증폭 기능을 갖는 단방향성 3단자 소자이다.
② 제어 기능을 갖는 양방향성 3단자 소자이다.
③ 정류 기능을 갖는 단방향성 3단자 소자이다.
④ 스위칭 기능을 갖는 양방향성 3단자 소자이다.

해설 | SCR
단방향성 3단자 소자인 사이리스터는 한쪽 방향으로 전류가 흐르도록 제어하는 반도체 소자로 정류, 발광 등의 특성을 가진다.

정답 05 ② 06 ③ 07 ① 08 ③

09 유도전동기의 주파수가 60 [Hz]이고 전부하에서 회전수가 매 분 1164 [회]이면 극수는? (단, 슬립은 3 [%]이다)

① 4 ② 6
③ 8 ④ 10

해설 | 유도전동기의 회전수
동기속도 $N_s = \dfrac{120f}{p}$

$N = (1-s)N_s = (1-s)\dfrac{120f}{p}$ 에서

$1164 = 0.97 \times \dfrac{120 \times 60}{p}$

$\therefore p = \dfrac{0.97 \times 120 \times 60}{1164} = 6$

10 동기기의 과도 안정도를 증가시키는 방법이 아닌 것은?

① 속응 여자 방식을 채용한다.
② 동기 탈조계전기를 사용한다.
③ 동기화 리액턴스를 작게 한다.
④ 회전자의 플라이휠 효과를 작게 한다.

해설 | 안정도 향상 대책
- 관성 모멘트를 크게 할 것
- 단락비를 크게 할 것
- 동기 임피던스를 작게 할 것
- 속응 여자 방식을 채용할 것
- 플라이휠 효과를 크게 할 것
- 조속기 동작을 신속하게 할 것

11 전압비 3300/110 [V], 1차 누설임피던스 $Z_1 = 12 + j13\,[\Omega]$, 2차 누설임피던스 $Z_2 = 0.015 + j0.013\,[\Omega]$인 변압기가 있다. 1차로 환산된 등가임피던스[Ω]는?

① 22.7 + j25.5
② 24.7 + j25.5
③ 25.5 + j22.7
④ 25.5 + j24.7

해설 | 1차로 환산한 등가임피던스
권수비 $a = \dfrac{V_1}{V_2} = \dfrac{3{,}300}{110} = 30$

$Z_{12} = Z_1 + a^2 Z_2$
$= (12 + 30^2 \times 0.015)$
$\quad + j(13 + 30^2 \times 0.013)$
$= 25.5 + j24.7\,[\Omega]$

12 동기발전기의 단자 부근에서 단락이 발생되었을 때 단락전류에 대한 설명으로 옳은 것은?

① 서서히 증가한다.
② 발전기는 즉시 정지한다.
③ 일정한 큰 전류가 흐른다.
④ 처음은 큰 전류가 흐르나 점차 감소한다.

해설 | 동기발전기의 단락 현상
발전기의 단자를 갑자기 단락시키면 초기에는 전기자반작용이 없어 큰 전류가 흐르나 점차 감소한다.

13 어떤 공장에 뒤진 역률 0.8인 부하가 있다. 이 선로에 동기조상기를 병렬로 결선해서 선로의 역률을 0.95로 개선하였다. 개선 후 전력의 변화에 대한 설명으로 틀린 것은?

① 피상전력과 유효전력은 감소한다.
② 피상전력과 무효전력은 감소한다.
③ 피상전력은 감소하고 유효전력은 변화가 없다.
④ 무효전력은 감소하고 유효전력은 변화가 없다.

해설 | 동기조상기의 역률 개선
역률 개선이란 무효전력을 줄여 효율을 최대화 시킨다는 의미를 가진다. 동기조상기로 인한 역률 개선 후에는 무효전력, 피상전력이 감소하고 유효전력의 변화가 없다.

14 기동 시 정류자의 불꽃으로 라디오의 장해를 주며 단락장치의 고장이 일어나기 쉬운 전동기는?

① 직류직권전동기
② 단상직권전동기
③ 반발기동형 단상 유도전동기
④ 셰이딩코일형 단상 유도전동기

해설 | 반발기동형 단상 유도전동기
브러시를 단락시켜서 작동하는 전동기라서 기동 시 불꽃이 발생하여 단락장치의 고장이 일어나기 쉽다.

15 8극, 유도기전력 100 [V], 전기자전류 200 [A]인 직류발전기의 전기자권선을 중권에서 파권으로 변경했을 경우의 유도기전력과 전기자전류는?

① 100 [V], 200 [A]
② 200 [V], 100 [A]
③ 400 [V], 50 [A]
④ 800 [V], 25 [A]

해설 | 직류기 유도기전력
$E = \dfrac{PZ\phi N}{60a}$, 병렬회로수$(a) \propto I_a \propto \dfrac{1}{E}$
중권(a = 8)에서 파권(a = 2)으로 될 경우 유기기전력은 4배, 전기자전류는 $\dfrac{1}{4}$배

16 8극, 50 [kW], 3300 [V], 60 [Hz]인 3상 권선형 유도전동기의 전부하 슬립이 4 [%]라고 한다. 이 전동기의 슬립링 사이에 0.16 [Ω]의 저항 3개를 Y로 삽입하면 전부하 토크를 발생할 때의 회전수[rpm]는? (단, 2차 각 상의 저항은 0.04 [Ω]이고, Y 접속이다)

① 660
② 720
③ 750
④ 880

해설 | 비례추이 $\dfrac{r}{s} = \dfrac{r+R}{s'}$
- $s = 0.04$, $r = 0.04$ $R = 0.16$
  $\dfrac{0.04}{0.04} = \dfrac{0.04 + 0.16}{s'}$, $s' = 0.2$
- $N_s = \dfrac{120f}{p} = \dfrac{120 \times 60}{8} = 900\ [rpm]$
- $N = (1-s)N_s = 0.8 \times 900$
  $= 720\ [rpm]$

정답 13 ① 14 ③ 15 ③ 16 ②

17. 임피던스강하가 5 [%]인 변압기가 운전 중 단락되었을 때 그 단락전류는 정격전류의 몇 배인가?

① 20
② 25
③ 30
④ 35

해설 | 단락비 $K = \dfrac{I_s}{I_n} = \dfrac{100}{\%Z}$

$I_s = \dfrac{100}{\%Z} I_n = \dfrac{100}{5} I_n = 20 I_n$

18. 변압기의 임피던스와트와 임피던스전압을 구하는 시험은?

① 부하시험
② 단락시험
③ 무부하시험
④ 충격전압시험

해설 | 변압기시험법으로 측정할 수 있는 것
- 무부하시험 : 무부하전류, 히스테리시스손, 와전류, 여자 어드미턴스
- 단락시험 : 임피던스와트(동손), 임피던스전압, 전압변동률

19. 변압기에서 1차 측의 여자 어드미턴스를 Y_0라고 한다. 2차 측으로 환산한 여자 어드미턴스 $Y_0{'}$을 옳게 표현한 식은? (단, 권수비를 a라고 한다)

① $Y_o{'} = a^2 Y_o$
② $Y_o{'} = a Y_o$
③ $Y_o{'} = \dfrac{Y_o}{a^2}$
④ $Y_o{'} = \dfrac{Y_o}{a}$

해설 | 변압기 등가회로
- $a^2 = \dfrac{Z_1}{Z_2}$, $Z = \dfrac{1}{Y}$

$a^2 = \dfrac{Y_2}{Y_1} = \dfrac{Y_o{'}}{Y_o}$, $Y_o{'} = a^2 Y_o$

20. 3상 동기기의 제동권선을 사용하는 주 목적은?

① 출력이 증가한다.
② 효율이 증가한다.
③ 역률을 개선한다.
④ 난조를 방지한다.

해설 | 제동권선
- 기동 토크 발생
- 동기기의 난조 현상 방지
- 부하 불평형 시, 전압과 전류의 파형 개선
- 단락 사고 시 이상전압 발생 억제

정답 17 ① 18 ② 19 ① 20 ④

2020년 3회

전기산업기사 — 전기기기

01
돌극형 동기발전기에서 직축리액턴스 X_d와 횡축리액턴스 X_q는 그 크기 사이에 어떤 관계가 있는가?

① $X_d = X_q$
② $X_d > X_q$
③ $X_d < X_q$
④ $2X_d = X_q$

해설 | 동기발전기의 리액턴스
돌극기의 경우 직축리액턴스가 횡축리액턴스보다 크다. 즉, $X_d > X_q$

02
어떤 정류기의 출력전압 평균값이 2000[V]이고, 맥동률이 3[%]이면 교류분은 몇 [V]가 포함되어 있는가?

① 20 ② 30
③ 60 ④ 70

해설 | 맥동률과 교류분

맥동률 $= \dfrac{\text{교류분}}{\text{직류분}}$

교류분 = 직류분 × 맥동률
 = $2000 \times 0.03 = 60\,[V]$

03
직류기에서 전류용량이 크고 저전압 대전류에 가장 적합한 브러시 재료는?

① 탄소질 ② 금속 탄소질
③ 금속 흑연질 ④ 전기 흑연질

해설 | 브러시의 재료
- 탄소질 브러시(접촉저항↑)
  : 저전류, 저속기
- 흑연질 브러시(접촉저항↓)
  : 대전류, 고속기
- 전기 흑연질 브러시 : 가장 우수함
- 금속 흑연질 브러시 : 저전압, 대전류

04
동기발전기 종류 중 회전계자형의 특징으로 옳은 것은?

① 고주파 발전기에 사용
② 극소용량, 특수용으로 사용
③ 소요전력이 크고 기구적으로 복잡
④ 기계적으로 튼튼하여 가장 많이 사용

해설 | 동기발전기를 회전계자형으로 하는 이유
- 기계적으로 튼튼하다.
- 계자는 소요전력이 작고 절연이 용이하다.
- 전기자는 결선이 복잡하고 권선에 대전류가 흐르므로 무거워진다.

정답 01 ② 02 ③ 03 ③ 04 ④

05
전압비 a인 단상변압기 3대를 1차 △결선, 2차 Y결선으로 하고 1차에 선간전압 V를 가했을 때 무부하 2차 선간전압[V]은?

① $\dfrac{V}{a}$ ② $\dfrac{a}{V}$

③ $\dfrac{\sqrt{3}\,V}{a}$ ④ $\dfrac{\sqrt{3}\,a}{V}$

해설 | △결선(1차 측) - Y결선(2차 측)
- 1차 측(△결선)
  선간전압이 V 이면 상전압도 V
- 2차 측(Y결선)

  권수비가 a이므로 상전압은 $\dfrac{V}{a}$ 선간전압은 전압의 $\sqrt{3}$ 배가 되므로 $\dfrac{\sqrt{3}\,V}{a}$

06
단상 및 3상 유도전압조정기에 대한 설명으로 옳은 것은?

① 3상 유도전압조정기에는 단락권선이 필요없다.
② 3상 유도전압조정기의 1차, 2차 전압은 동상이다.
③ 단락권선은 단상 및 3상 유도전압조정기 모두 필요하다.
④ 단상 유도전압조정기의 기전력은 회전자계에 의해 유도된다.

해설 | 유도전압조정기
(1) 단상 유도전압 조정기
  • 교번자계 이용   • 단락권선 필요
  • 입·출력전압 사이에 위상차 없다.
(2) 3상 유도전압 조정기
  • 회전자계 이용   • 단락권선 불필요
  • 입·출력전압 사이에 위상차 있다.

07
12극과 8극인 2개의 유도전동기를 종속법에 의한 직렬접속법으로 속도제어할 때 전원주파수가 60 [Hz]인 경우 무부하속도 N_0는 몇 [rps]인가?

① 5   ② 6
③ 200   ④ 360

해설 | 유도전동기의 종속법(직렬접속)

$$N_o = \dfrac{120f}{p_1+p_2} = \dfrac{120 \times 60}{12+8} = 360\,[rpm]$$

$$360\,[rpm] = \dfrac{360}{60} = 6\,[rps]$$

• 차동접속 : $N = \dfrac{120f}{p_1-p_2}$

• 병렬접속 : $N = \dfrac{120f}{\dfrac{p_1+p_2}{2}} = \dfrac{240f}{p_1+p_2}$

08
인버터에 대한 설명으로 옳은 것은?

① 직류를 교류로 변환
② 교류를 교류로 변환
③ 직류를 직류로 변환
④ 교류를 직류로 변환

해설 | 전력변환 기기
• 인버터 : 직류를 교류로 변환
• 컨버터 : 교류를 직류로 변환
• 초퍼 : 직류를 직류로 변환
• 사이클로 컨버터 : 교류를 교류로 변환

정답 05 ③ 06 ① 07 ② 08 ①

09 직류전동기의 역기전력에 대한 설명으로 틀린 것은?

① 역기전력은 속도에 비례한다.
② 역기전력은 회전 방향에 따라 크기가 다르다.
③ 역기전력이 증가할수록 전기자 전류는 감소한다.
④ 부하가 걸려 있을 때에는 역기전력은 공급전압보다 크기가 작다.

해설 | 역기전력
$E_c = V - I_a R_a = K\phi N \,[V]$

10 유도전동기의 실부하법에서 부하로 쓰이지 않는 것은?

① 전동 발전기
② 전기동력계
③ 프로니 브레이크
④ 손실을 알고 있는 직류발전기

해설 | 실부하법에서 부하로 쓰이는 것
• 전기동력계
• 프로니 브레이크
• 손실을 알고 있는 직류발전기

11 직류기의 구조가 아닌 것은?

① 계자권선　　② 전기자권선
③ 내철형 철심　④ 전기자철심

해설 | 직류기의 구조
내철형 철심은 변압기의 구조

12 30 [kW]의 3상 유도전동기에 전력을 공급할 때 2대의 단상변압기를 사용하는 경우 변압기의 용량은 약 몇 [kVA]인가? (단, 전동기의 역률과 효율은 각각 84 [%], 86 [%]이고 전동기 손실은 무시한다)

① 17　　② 24
③ 51　　④ 72

해설 | 변압기 용량
변압기 출력 = 전동기 입력 = $\sqrt{3}\,P_1$
전동기 출력 = 전동기 입력 × 역률 × 효율
$30 = \sqrt{3}\,P_1 \times 0.84 \times 0.86\,[kW]$
$\therefore P_1 = \dfrac{30}{\sqrt{3}\times 0.84 \times 0.86} = 23.98$
$\fallingdotseq 24\,[kVA]$

13 3상, 6극, 슬롯 수 54의 동기 발전기가 있다. 어떤 전기자코일의 두 변이 제1슬롯과 제8슬롯에 들어있다면 단절권 계수는 약 얼마인가?

① 0.9397　　② 0.9567
③ 0.9837　　④ 0.9117

해설 | 단절권 계수= $\sin \dfrac{n\beta\pi}{2}$

• 극 간격 = $\dfrac{\text{슬롯 수}}{\text{극 수}} = \dfrac{54}{6} = 9$

• $\beta = \dfrac{\text{코일 간격}}{\text{극 간격}} = \dfrac{7}{9}$

$\therefore \sin \dfrac{n\beta\pi}{2} = \sin \dfrac{7\pi}{18} = 0.9397$
(n은 고조파 값이므로 여기서 $n = 1$)

14 부흐홀츠계전기로 보호되는 기기는?

① 변압기　　② 발전기
③ 유도전동기　④ 회전변류기

해설 | 변압기 보호용 계전기
- 부흐홀츠계전기
- 비율차동계전기
- 차동계전기
- 온도계전기
- 압력계전기

15 변압기의 효율이 가장 좋을 때의 조건은?

① 철손 = 동손
② 철손 = 1/2동손
③ 1/2철손 = 동손
④ 철손 = 2/3동손

해설 | 최대 효율일 때의 부분부하
$P_i = P_c$ 일 때 효율이 가장 좋다.

16 직류전동기 중 부하가 변하면 속도가 심하게 변하는 전동기는?

① 분권전동기
② 직권전동기
③ 차동복권전동기
④ 가동복권전동기

해설 | 직류전동기의 속도변동률
직권 > 가동복권 > 분권 > 차동복권

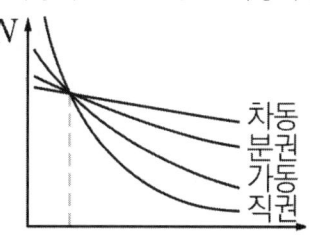

17 1차 전압 6900 [V], 1차 권선 3000회, 권수비 20의 변압기가 60 [Hz]에 사용할 때 철심의 최대 자속 [Wb]은?

① 0.76×10^{-4}　② 8.63×10^{-3}
③ 80×10^{-3}　④ 90×10^{-3}

해설 | 변압기의 유기기전력
$E = 4.44fN\phi_m$

$$\phi_m = \frac{E}{4.44fN} = \frac{6900}{4.44 \times 60 \times 3000}$$
$$= 8.63 \times 10^{-3} [Wb]$$

18 표면을 절연 피막처리한 규소강판을 성층하는 이유로 옳은 것은?

① 절연성을 높이기 위해
② 히스테리시스손을 작게 하기 위해
③ 자속을 보다 잘 통하게 하기 위해
④ 와전류에 의한 손실을 작게 하기 위해

해설 | 철손을 줄이기 위한 방법
철손 = 히스테리시스손 + 와전류손
- 히스테리시스손 : 규소(4 [%])강판을 사용
- 와전류손 : 성층(0.35 ~ 0.5 [mm])철심 사용

19 단상 유도전동기 중 기동 토크가 가장 작은 것은?

① 반발기동형 ② 분상기동형
③ 셰이딩코일형 ④ 커패시티기동형

해설 | 기동 토크의 크기
반발기동형 > 반발유도형 > 콘덴서기동형 > 영구콘덴서형 > 분상기동형 > 셰이딩코일형

20 동기기의 전기자권선법으로 적합하지 않은 것은?

① 중권 ② 2층권
③ 분포권 ④ 환상권

해설 | 동기기의 전기자권선법
고상권, 폐로권, 2층권(중권, 파권), 분포권, 단절권 사용

정답 19 ③ 20 ④

2020년 4회

01 직류분권전동기 운전 중 계자권선의 저항을 증가할 때 회전 속도는?

① 일정하다. ② 감소한다.
③ 증가한다. ④ 관계없다.

해설 | 분권전동기

회전 속도 $N = k' \dfrac{V - I_a R_a}{\phi}$

02 동기기의 안정도 증진법은 다음 중 어느 것인가?

① 동기화 리액턴스를 작게 할 것
② 회전자의 플라이휠 효과를 작게 할 것
③ 역상, 영상 임피던스를 작게 할 것
④ 단락비를 작게 할 것

해설 | 동기기의 안정도 향상 대책
- 관성 모멘트를 크게 할 것
- 단락비를 크게 할 것
- 동기 임피던스를 작게 할 것
- 속응 여자 방식을 채용할 것
- 플라이휠 효과를 크게 할 것
- 조속기 동작을 신속하게 할 것

03 1차 전압 2200 [V], 무부하전류 0.088 [A]인 변압기의 철손이 110 [W]이다. 이때 자화전류[A]는?

① 0.0724 ② 0.1012
③ 0.195   ④ 0.3715

해설 | 무부하시험의 전류
여자전류(I_o)는 철손전류(I_i)와 자화전류(I_ϕ)의 벡터합

$I_o = \sqrt{I_i^2 + I_\phi^2}$

$I_i = \dfrac{P_i}{V_1} = \dfrac{110}{2200} = 0.05 \,[A]$

$\therefore I_\phi = \sqrt{I_0^2 - I_i^2} = \sqrt{0.088^2 - 0.05^2}$
$= 0.072 \,[A]$

04 다음 중 2방향성 3단자 사이리스터는 어느 것인가?

① TRIAC ② SCR
③ SCS   ④ SSS

해설 | 반도체 소자
- 양방향 소자
  - DIAC, TRIAC, SSS
- 단방향 소자
  - SCR, LA SCR, GTO

정답 01 ③ 02 ① 03 ① 04 ①

05 60 [Hz], 12극의 동기전동기의 회전자계의 주변속도는? (단, 회전자계의 극 간격은 1 [m]이다)

① 31.4 [m/s] ② 10 [m/s]
③ 377 [m/s] ④ 120 [m/s]

해설 | 주변속도

$v = \pi D \dfrac{N_s}{60} \, [m/s]$

$N_s = \dfrac{120f}{p} = \dfrac{120 \times 60}{60} = 600 \, [rpm]$

$\pi D = 12$ (∵ 원의 둘레 = 극 간격 × 극수)

∴ $v = 12 \times \dfrac{600}{60} = 120 \, [m/s]$

06 변압기의 전부하 효율은?

① 출력/입력 + 동손 + 철손
② 입력/출력 + 동손 + 철손
③ 출력/출력 + 동손 + 철손
④ 입력/입력 + 동손 + 철손

해설 | 규약효율

- 전동기효율 $\eta = \dfrac{입력 - 손실}{입력}$
- 발전기, 변압기효율 $\eta = \dfrac{출력}{출력 + 손실}$

∴ $\eta = \dfrac{P}{P + P_i + P_c} \times 100$

07 정격속도로 회전하고 있는 무부하의 분권발전기가 있다. 계자권선이 저항이 50 [Ω], 계자전류 2 [A], 전기자저항이 1.5 [Ω]일 때, 유기기전력은 몇 [V]인가?

① 97 ② 100
③ 103 ④ 106

해설 | 분권발전기의 유기기전력(무부하 시)

$E = V + I_a R_a = V + I_f R_f$ (∵ 무부하)

$V = I_f \times R_f = 2 \times 50 = 100 \, [V]$

∴ $E = 100 + 2 \times 1.5 = 103 \, [V]$

08 변압기의 누설리액턴스를 줄이는 가장 효과적인 방법은?

① 권선을 분할하여 조립한다.
② 권선을 동심 배치한다.
③ 코일의 단면적을 크게 한다.
④ 철심의 단면적을 크게 한다.

해설 | 누설리액턴스
누설리액턴스를 줄이기 위해서는 철심의 단면적을 줄이거나 권선을 분할 조립한다.

09 3상 유도전동기의 원선도를 그리는 데 옳지 않은 시험은?

① 저항 측정 ② 무부하시험
③ 구속시험 ④ 슬립 측정

해설 | 원선도 작성시험
무부하시험, 구속시험, 저항 측정

10
3상 유도전동기의 특성 중 비례추이할 수 없는 것은?

① 1차 전류
② 2차 전류
③ 출력
④ 토크

해설 | 비례추이
- 가능 : 1,2차 전류, 역률, 동기와트
- 불가능 : 2차 입력, 출력, 효율, 동손, 동기속도

11
정격출력 2 [kVA], 200/100 [V], 50 [Hz]의 변압기의 2차 단락시험 결과 임피던스 전압 6.8 [V], 임피던스와트 60 [W]를 얻었다. 이 변압기의 2차를 1차로 환산한 저항(R_{12})과 리액턴스(X_{12})는 ?

① R_{12} = 0.68, X_{12} = 0.65
② R_{12} = 0.5, X_{12} = 0.32
③ R_{12} = 0.6, X_{12} = 0.32
④ R_{12} = 0.6, X_{12} = 0.4

해설 | 변압기의 환산
- $I_{1n} = \dfrac{P_n}{V_{1n}} = \dfrac{2 \times 10^3}{200} = 10[A]$
- 임피던스전압 $V_s = I_{1n} Z_{12}$

  $Z_{12} = \dfrac{V_s}{I_{1n}} = \dfrac{6.8}{10} = 0.68[\Omega]$
- 임피던스와트 $P_s = I_{1n}^2 R_{12}$

  $R_{12} = \dfrac{P_s}{I_{1n}^2} = \dfrac{60}{10^2} = 0.6[\Omega]$

  $\therefore X_{12} = \sqrt{Z_{12}^2 - R_{12}^2} = \sqrt{0.68^2 - 0.6^2} = 0.32[\Omega]$

12
직류 분권발전기에서 극수 8, 전기자 총 도체 수 240, 각 자극의 자속은 0.02 [Wb]일 때 회전수가 1200 [rpm]이라면 전기자에 유기되는 전기력은 몇 [V]인가? (단, 전기자권선은 파권이다)

① 110 [V]
② 220 [V]
③ 384 [V]
④ 440 [V]

해설 | 분권발전기 유기기전력
$E = \dfrac{PZ\phi N}{60a} = \dfrac{8 \times 240 \times 0.02 \times 1200}{60 \times 2}$
$= 384 \,[V]$

13
3상 변압기의 병렬운전이 불가능한 결선 조합은?

① △ - Y와 △ - Y
② Y - △와 Y - △
③ △ - △와 △ - △
④ △ - Y와 △ - △

해설 | 병렬운전 가능결선

가능	불가능
Y - Y와 Y - Y	Y - Y와 Y - △
Y - △와 Y - △	Y - △와 △ - △
Y - △와 △ - Y	
△ - △와 △ - △	△ - Y와 Y - Y
△ - Y와 △ - Y	△ - △와 △ - Y
△ - △와 Y - Y	

14 다음 중 변압기의 무부하손에 해당되지 않는 것은?

① 히스테리시스손
② 와류손
③ 유전체손
④ 표유부하손

해설 | 변압기 손실
- 무부하손(고정손)
  - 철손, 히스테리시스손, 와류손
- 부하손(가변손)
  - 동손, 표유부하손

15 직류전동기에 대한 설명으로 옳은 것은?

① 전동차용 전동기는 차동복권전동기이다.
② 직권전동기가 운전 중 무부하로 되면 위험 속도가 된다.
③ 부하변동에 대하여 속도변동이 가장 큰 직류전동기는 분권전동기이다.
④ 직류직권전동기는 속도 조정이 어렵다.

해설 | 직류전동기
직권전동기는 무부하 상태에서 속도가 급격히 상승하여 위험하므로 반드시 부하와 기어를 사용해야 한다.

16 220 [V], 3상, 4극, 60 [Hz]인 3상 유도전동기가 정격전압 주파수에서 최대 회전력을 내는 슬립은 16 [%]이다. 지금 200 [V], 50 [Hz]로 사용할 때의 최대 회전력 발생 슬립은 몇 [%]가 되는가?

① 16
② 18
③ 19.2
④ 21.3

해설 | 최대 토크 시 슬립

$$s \propto \frac{1}{V^2}$$

$$s' = s \times \frac{1}{\left(\frac{V'}{V}\right)^2} = s \times \left(\frac{V}{V'}\right)^2$$

$$= 16 \times \left(\frac{220}{200}\right)^2 = 19.36\,[\%]$$

17 3상 유도전동기의 전원 측에서 임의의 2선을 바꾸어 접속하여 운전하면?

① 회전 방향이 반대가 된다.
② 회전 방향은 불변이나 속도가 약간 떨어진다.
③ 즉각 정지된다.
④ 바꾸지 않았을 때와 동일하다.

해설 | 유도전동기의 역회전
3상 유도전동기는 임의의 2선의 접속을 바꾸면 회전계자의 회전 방향이 바뀐다.

정답 14 ④ 15 ② 16 ③ 17 ①

18 유도발전기의 슬립(slip) s의 범위에 속하는 것은?

① 0 < s < 1   ② s = 0
③ s = 1   ④ -1 < s < 0

해설 | 슬립 영역
- $s < 0$: 유도발전기
- $0 < s < 1$: 유도전동기
- $1 < s$ 유도제동기

19 변압기유(油)의 요구 특성이 아닌 것은?

① 인화점이 높을 것
② 응고점이 낮을 것
③ 점도가 클 것
④ 절연내력이 클 것

해설 | 변압기유 구비조건
- 절연내력이 높을 것
- 점도가 낮을 것
- 인화점이 높을 것
- 응고점이 낮을 것
- 다른 물질과 화학반응을 일으키지 말 것
- 가격이 저렴할 것

20 불평형 전압 상태에서 3상 유도전동기를 운전하면 토크와 입력은 어떻게 되는가?

① 토크가 감소하고 입력도 감소한다.
② 토크는 감소하고 입력은 증가한다.
③ 토크는 증가하고 입력은 감소한다.
④ 토크가 증가하고 입력도 증가한다.

해설 | 3상 유도전동기의 운전
전압이 불평형이 되면 불평형 전류가 흘러서 입력은 증가하나 토크는 감소한다.

정답 18 ④   19 ③   20 ②

2019년 1회

전기산업기사 - 전기기기

01
정격 150 [kVA], 철손 1 [kW], 전부하동손이 4 [kW]인 단상 변압기의 최대 효율 [%]과 최대 효율 시의 부하[kVA]는? (단, 부하 역률은 1이다)

① 96.8 [%], 125 [kVA]
② 97 [%], 50 [kVA]
③ 97.2 [%], 100 [kVA]
④ 97.4 [%], 75 [kVA]

해설 | 최대 효율일 때의 부분부하

- $\dfrac{1}{m} = \sqrt{\dfrac{P_i}{P_c}}$

  $\dfrac{1}{m} = \sqrt{\dfrac{P_i}{P_c}} = \sqrt{\dfrac{1}{4}} = \dfrac{1}{2}$

  ∴ $\dfrac{1}{2}$ 부하에서의 부하는

  $150 \times \dfrac{1}{2} = 75 [kVA]$

- $\dfrac{1}{2}$ 부하에서 최대 효율

  $\eta_m = \dfrac{\dfrac{1}{m}P}{\dfrac{1}{m}P + 2P_i}$

  $= \dfrac{\dfrac{1}{2} \times 150}{\dfrac{1}{2} \times 150 + 2 \times 1} \times 100$

  $= 97.4 [\%]$

02
사이리스터에 의한 제어는 무엇을 제어하여 출력전압을 변환시키는가?

① 토크   ② 위상각
③ 회전수   ④ 주파수

해설 | 사이리스터
α를 제어각(점호각, 위상각)이라 하며 값을 조정하여 출력전압을 변환시킨다.

03
전동력 응용기기에서 GD^2의 값이 적은 것이 바람직한 기기는?

① 압연기   ② 송풍기
③ 냉동기   ④ 엘리베이터

해설 | 전동력 응용기기
엘리베이터는 관성력이 작아야 한다.

04
온도 측정장치 중 변압기의 권선온도 측정에 가장 적당한 것은?

① 탐지코일   ② Dial온도계
③ 권선온도계   ④ 봉상온도계

해설 | 변압기의 온도 측정
- 변압기유의 유온 측정 : 다이얼, 봉상온도계
- 변압기의 권선온도 측정 : 권선온도계
- 탐지코일(수색코일)은 지중전선로에서 고장점 거리를 구하는 방법이다.

정답 01 ④ 02 ② 03 ④ 04 ③

05 어떤 변압기의 백분율 저항강하가 2 [%], 백분율 리액턴스강하가 3 [%]라 한다. 이 변압기로 역률이 80 [%]인 부하에 전력을 공급하고 있다. 이 변압기의 전압변동률은 몇 [%]인가?

① 2.4
② 3.4
③ 3.8
④ 4.0

해설 | 변압기의 전압 변동률
$\epsilon = p\cos\theta \pm q\sin\theta$
$\epsilon = 2.0 \times 0.8 + 3 \times 0.6 = 1.6 + 1.8$
$= 3.4\ [\%]$

TIP 저고리싸

06 직류 및 교류 양용에 사용되는 만능전동기는?

① 복권전동기
② 유도전동기
③ 동기전동기
④ 직권정류자전동기

해설 | 단상직권 정류자전동기
• 직류와 교류를 모두 사용할 수 있는 전동기
• 단상 : 데리, 톰슨, 에트킨슨전동기(직권형)
• 3상 : 시라계전동기(분권형)

07 어떤 IGBT의 열용량은 0.02 [J/℃], 열저항은 0.625 [℃/W]이다. 이 소자에 직류 25 [A]가 흐를 때 전압강하는 3 [V]이다. 몇 [℃]의 온도상승이 발생하는가?

① 1.5
② 1.7
③ 47
④ 52

해설 | IGBT 열용량
열저항 $R_\theta = \dfrac{\Delta T}{P}\ [°C/W]$
$\Delta T = R_\theta P = 0.625 \times (3 \times 25) = 47\ [°C]$

08 직류전동기의 속도제어법 중 정지 워드레오나드 방식에 관한 설명으로 틀린 것은?

① 광범위한 속도제어가 가능하다.
② 정토크 가변 속도의 용도에 적합하다.
③ 제철용 압연기, 엘리베이터 등에 사용된다.
④ 직권전동기의 저항제어와 조합하여 사용한다.

해설 | 워드레오나드 전압제어 방식
• 광범위한 속도 조정 가능, 효율 양호
• 정토크제어
• 제철용 압연기, 엘리베이터 등에 사용
• 주 전동기의 여자전류를 최대로 하고 발전기의 단자전압을 0에서 서서히 상승시키면 주 전동기는 기동저항 없이 조용히 기동

09 권수비 30인 단상 변압기의 1차에 6600 [V]를 공급하고, 2차에 40 [kW], 뒤진 역률 80 [%]의 부하를 걸 때 2차 전류 I_2 및 1차 전류 I_1은 약 몇 [A]인가? (단, 변압기의 손실은 무시한다)

① $I_2 = 145.5$, $I_1 = 4.85$
② $I_2 = 181.8$, $I_1 = 6.06$
③ $I_2 = 227.3$, $I_1 = 7.58$
④ $I_2 = 321.3$, $I_1 = 10.28$

해설 | 단상 변압기의 전류
$P = VI\cos\theta$ 이고
$V_2 = \dfrac{1}{a} V_1 = \dfrac{1}{30} \times 6600 = 220$ [V]

- $I_2 = \dfrac{P}{V_2 \cos\theta}$
  $= \dfrac{40 \times 10^3}{220 \times 0.8} = 227.3$ [A]

- $I_1 = \dfrac{1}{a} I_2 = \dfrac{1}{30} \times 227.27 = 7.58$ [A]

  $\therefore$ 권수비 $a = \dfrac{V_1}{V_2} = \dfrac{I_2}{I_1}$

10 동기전동기에서 90° 앞선 전류가 흐를 때 전기자반작용은?

① 감자작용
② 증자작용
③ 편자작용
④ 교차자화작용

해설 | 동기전동기의 전기자반작용

11 일정 전압으로 운전하는 직류전동기의 손실이 $x + I^2 y$으로 될 때 어떤 전류에서 효율이 최대가 되는가? (단, x, y는 정수이다)

① $I = \sqrt{\dfrac{x}{y}}$
② $I = \sqrt{\dfrac{y}{x}}$
③ $I = \dfrac{x}{y}$
④ $I = \dfrac{y}{x}$

해설 | 최대 효율 조건
손실 $= P_i + \left(\dfrac{1}{m}\right)^2 P_c$ 이므로
$x = P_i, y = P_c, I = \dfrac{1}{m}$
최대 효율 조건은 $P_i = \left(\dfrac{1}{m}\right)^2 P_c$
$\therefore x = I^2 y \Rightarrow I = \sqrt{\dfrac{x}{y}}$

12 T - 결선에 의하여 3300 [V]의 3상으로부터 200 [V], 40 [kVA]의 전력을 얻는 경우 T좌변압기의 권수비는 약 얼마인가?

① 10.2
② 11.7
③ 14.3
④ 16.5

해설 | T좌변압기의 탭 비율 (a_T)
T좌변압기는 1차 권선의 $\dfrac{\sqrt{3}}{2}$ 지점에 탭을 설치하며 탭 비율에 의해 권수비가 결정되므로
$a_T = a \times \dfrac{\sqrt{3}}{2} = \dfrac{3300}{200} \times \dfrac{\sqrt{3}}{2} = 14.3$

13 유도전동기 슬립 s의 범위는?

① 1 < s
② s < -1
③ -1 < s < 0
④ 0 < s < 1

해설 | 슬립 영역
- 유도발전기 : $s < 0$
- 유도전동기 : $0 < s < 1$
- 유도제동기 : $s > 1$

14 전기자 총 도체 수 500, 6극, 중권의 직류 전동기가 있다. 전기자 전 전류가 100 [A]일 때의 발생 토크는 약 몇 [kg·m]인가? (단, 1극당 자속수는 0.01 [Wb]이다)

① 8.12
② 9.54
③ 10.25
④ 11.58

해설 | 직류전동기의 토크 (T)
풀이 1)
$T = 0.975 \dfrac{EI_a}{N} = 0.975 \dfrac{PZ\phi NI_a}{60a \times N}$ [kg·m]

에서 중권이므로 $P = a$

$T = \dfrac{0.975 \times 500 \times 0.01 \times 100}{60}$

$= 8.12$ [kg·m]

풀이 2)
$T = K\phi I_a = \dfrac{PZ}{2\pi a}\phi I_a$ ($P = a$, ∵중권)

$= \dfrac{500}{2\pi} \times 0.01 \times 100 = 79.58$ [N·m]

$= 79.58 \times \dfrac{1}{9.8} = 8.12$ [kg·m]

15 3상 동기발전기 각 상의 유기기전력 중 제3고조파를 제거하려면 코일 간격/극 간격을 어떻게 하면 되는가?

① 0.11
② 0.33
③ 0.67
④ 0.34

해설 | 단절권 계수
고조파를 제거할 때 단절권 계수 = 0

$K_p = \sin \dfrac{n\beta\pi}{2} = 0$

$\sin \dfrac{n\beta\pi}{2} = 0$ 이려면 $\dfrac{n\beta}{2} = 1$이어야 한다.

∴ $n = 3$일 때, $\beta = \dfrac{2}{3} = 0.67$

16 3상 유도전동기의 토크와 출력에 대한 설명으로 옳은 것은?

① 속도에 관계가 없다.
② 동일 속도에서 발생한다.
③ 최대 출력은 최대 토크보다 고속도에서 발생한다.
④ 최대 토크가 최대 출력보다 고속도에서 발생한다.

해설 | 유도전동기 슬립
최대 토크가 발생할 때의 속도가 최대 출력이 발생할 때의 속도보다 느리므로 최대 출력은 최대 토크보다 고속에서 발생한다.

17 단자전압 220 [V], 부하전류 48 [A], 계자전류 2 [A], 전기자저항 0.2 [Ω]인 직류 분권발전기의 유도기전력[V]은? (단, 전기자반작용은 무시한다)

① 210　　② 220
③ 230　　④ 240

해설 | 직류발전기의 유도기전력 (E)
$E = V + I_a R_a$ [V],　$I_a = I + I_f$
$E = 220 + (48+2) \times 0.2 = 230$ [V]

18 200 [kW], 200 [V]의 직류 분권발전기가 있다. 전기자권선의 저항이 0.025 [Ω]일 때 전압변동률은 몇 [%]인가?

① 6.0　　② 12.5
③ 20.5　　④ 25.0

해설 | 전압변동률 (ϵ)
- $\epsilon = \dfrac{V_0 - V_n}{V_n} \times 100$
　$= \dfrac{E - V}{V} \times 100$ [%]
- 무부하 시 $I_a = I_f$ 이므로
　$I_a = \dfrac{P}{V} = \dfrac{200 \times 10^3}{200} = 1000$ [A]
- 무부하 전압
　$E = V + I_a R_a$
　　$= 200 + 1000 \times 0.025 = 225$ [V]
　$\therefore \epsilon = \dfrac{225 - 200}{200} \times 100 = 12.5$ [%]

19 동기발전기에서 전기자전류를 I, 역률을 $\cos\theta$라 하면 횡축반작용을 하는 성분은?

① $I\cos\theta$　　② $I\cot\theta$
③ $I\sin\theta$　　④ $I\tan\theta$

해설 | 동기 발전기의 전기자반작용
(1) 횡축반작용 : $I\cos\theta$ 성분
- 전기자 전류와 기전력이 동상인 경우 : 교차자화작용(R만의 부하)

(2) 직축반작용 : $I\sin\theta$ 성분
- 전기자 전류가 기전력보다 90° 늦은 경우 : 감자작용(L만의 부하)
- 전기자 전류가 기전력보다 90° 앞선 경우 : 증자작용(C만의 부하)

20 단상 유도전동기와 3상 유도전동기를 비교했을 때 단상 유도전동기의 특징에 해당되는 것은?

① 대용량이다.
② 중량이 작다.
③ 역률, 효율이 좋다.
④ 기동장치가 필요하다.

해설 | 단상 유도전동기
- 교번자계를 이용
- 교번자계로는 기동 토크를 얻을 수 없다.
- 반드시 기동장치가 필요하다.
- 기동장치의 종류에 따라 단상 유도전동기의 종류가 나뉜다.

정답　17 ③　18 ②　19 ①　20 ④

2019년 2회

01
자극수 4, 전기자 도체 수 50, 전기자저항 0.1 [Ω]의 중권 타여자전동기가 있다. 정격전압 105 [V], 정격전류 50 [A]로 운전하던 것을 전압 106 [V] 및 계자회로를 일정히 하고 무부하로 운전했을 때 전기자전류가 10 [A]이라면 속도변동률[%]은? (단, 매 극의 자속은 0.05 [Wb]라 한다)

① 3 ② 5
③ 6 ④ 8

해설 | 속도변동률 (δ)
역기전력 $E = V - I_a R_a$ 이므로
- 부하 시
  $E = 105 - 50 \times 0.1 = 100$ [V]
  $E = \frac{PZ}{a}\phi\frac{N}{60}$ [V]
  $N = \frac{60Ea}{PZ\phi} = \frac{60 \times 100 \times 4}{4 \times 50 \times 0.05}$
  $= 2400$ [rpm]
- 무부하 시
  $E_0 = 106 - 10 \times 0.1 = 105$ [V]
  $E_0 = \frac{PZ}{a}\phi\frac{N_0}{60}$ [V]
  $N_0 = \frac{60E_0 a}{PZ\phi} = \frac{60 \times 105 \times 4}{4 \times 50 \times 0.05}$
  $= 2520$ [rpm]
$\therefore \delta = \frac{N_0 - N_n}{N_n} \times 100$
$= \frac{2520 - 2400}{2400} \times 100 = 5$ [%]

02
동기발전기의 권선을 분포권으로 하면?

① 난조를 방지한다.
② 파형이 좋아진다.
③ 권선의 리액턴스가 커진다.
④ 집중권에 비하여 합성 유도기전력이 높아진다.

해설 | 분포권
- 고차 고조파 억제에 의한 파형 개선
- 누설리액턴스가 작다.
- 누설자속이 작다.
- 단점 : 집중권에 비하여 기전력이 작다.

03
직류 분권발전기가 운전 중 단락이 발생하면 나타나는 현상으로 옳은 것은?

① 과전압이 발생한다.
② 계자저항선이 확립된다.
③ 큰 단락전류로 소손된다.
④ 작은 단락전류가 흐른다.

해설 | 분권발전기의 운전
직류 분권발전기의 단자 부근에서 단락이 발생하면 소전류가 흐른다.

04 단락비가 큰 동기발전기에 대한 설명 중 틀린 것은?

① 효율이 나쁘다.
② 계자전류가 크다.
③ 전압변동률이 크다.
④ 안정도와 선로 충전용량이 크다.

해설 | 단락비가 큰 기계(철기계)의 특징
- 공극이 크고, 계자 기자력이 크다.
- 중량이 무겁고, 가격이 비싸다.
- 플라이휠 효과가 크다.
- 동기 임피던스가 작고, 안정도 좋다.
- 전기자반작용과 전압 변동률이 작다.
- 선로의 충전 용량이 크다.
- 철손이 증가(효율이 나쁘다)

05 어떤 변압기의 부하역률이 60 [%]일 때 전압변동률이 최대라고 한다. 지금 이 변압기의 부하역률이 100 [%]일 때 전압변동률을 측정 했더니 3 [%]이었다. 이 변압기의 부하역률이 80 [%]일 때 전압변동률은 몇 [%]인가?

① 2.4   ② 3.6
③ 4.8   ④ 5.0

해설 | 변압기의 전압변동률
$\epsilon = p\cos\theta \pm q\sin\theta$ ($p = \%R$, $q = \%X$)
- $\cos\theta = 1$일 때 $\sin\theta = 0$, $\epsilon = p = 3$
- 전압변동률이 최대일 때 역률

$\cos\theta_{max} = \dfrac{\%R}{\%Z} = \dfrac{p}{\sqrt{p^2+q^2}}$

$0.6 = \dfrac{3}{\sqrt{3^2+q^2}}$ 에서 $q = 4$

∴ 부하역률이 80 [%]일 때 전압변동률
$\epsilon = 3 \times 0.8 + 4 \times 0.6 = 2.4 + 1.2 = 4.8\,[\%]$

06 직류발전기에서 기하학적 중성축과 각도 θ만큼 브러시의 위치가 이동되었을 감자기자력(AT/극)은? (단, $K = \dfrac{I_a Z}{2Pa}$)

① $K\dfrac{\theta}{\pi}$ ② $K\dfrac{2\theta}{\pi}$

③ $K\dfrac{3\theta}{\pi}$ ④ $K\dfrac{4\theta}{\pi}$

해설 | 직류기의 전기자 기자력
- 감자기자력

$AT_d = \dfrac{I_a Z}{2aP} \cdot \dfrac{2\alpha}{\pi}$ [AT/극]

- 교차기자력

$AT_c = \dfrac{I_a Z}{2aP} \cdot \dfrac{\pi - 2\alpha}{\pi}$ [AT/극]

07 동기 주파수변환기의 주파수 f_1 및 f_2 계통에 접속되는 양극을 P_1, P_2라 하면 다음 어떤 관계가 성립되는가?

① $\dfrac{f_1}{f_2} = P_2$ ② $\dfrac{f_1}{f_2} = \dfrac{P_2}{P_1}$

③ $\dfrac{f_1}{f_2} = \dfrac{P_1}{P_2}$ ④ $\dfrac{f_1}{f_2} = P_1 \cdot P_2$

해설 | 동기 주파수 변환기
동기속도는 항상 일정하다.

$\dfrac{120f_1}{P_1} = N_s = \dfrac{120f_2}{P_2}$

$\dfrac{f_1}{P_1} = \dfrac{f_2}{P_2}$ 또는 $\dfrac{f_1}{f_2} = \dfrac{P_1}{P_2}$

정답 04 ③ 05 ③ 06 ② 07 ③

08 다음은 직류발전기의 정류곡선이다. 이 중에서 정류 말기에 정류의 상태가 좋지 않은 것은?

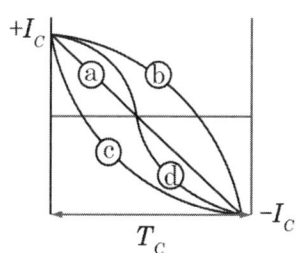

① ⓐ ② ⓑ
③ ⓒ ④ ⓓ

해설 | 정류곡선
- 직선정류곡선 : 이상적인 정류
- 부족정류곡선 : 정류 말기에 불꽃 발생
- 과정류곡선 : 정류 초기에 불꽃 발생
- 정현정류곡선 : 보극과 탄소브러시 등으로 개선

TIP 경사가 급할수록 불꽃 발생

09 직류전압의 맥동률이 가장 작은 정류회로는? (단, 저항부하를 사용한 경우이다)

① 단상 전파 ② 단상 반파
③ 3상 반파 ④ 3상 전파

해설 | 정류회로의 맥동률

정류 종류	단상 반파	단상 전파	3상 반파	3상 전파
맥동률 [%]	121.1	48.4	17.7	4.04
정류효율 [%]	40.5	81.	96.7	99.8
맥동 주파수	f	$2f$	$3f$	$6f$

10 권선형 유도전동기의 저항제어법의 장점은?

① 부하에 대한 속도 변동이 크다.
② 역률이 좋고, 운전 효율이 양호하다.
③ 구조가 간단하며, 제어조작이 용이하다.
④ 전부하로 장시간 운전하여도 온도 상승이 적다.

해설 | 속도제어법
- 2차 저항제어법
  구조가 간단하고, 제어조작이 용이하며, 수리 및 보수 유지가 간편하다.
- 2차 여자법(전압제어법)
  미세한 조정이 가능하고, 광범위한 조정이 가능하며, 제어 효율이 우수하다.

11 권선형 유도전동기에서 비례추이를 할 수 없는 것은?

① 토크   ② 출력
③ 1차 전류 ④ 2차 전류

해설 | 비례추이
- 비례추이할 수 있는 것
  1, 2차 전류, 토크, 역률, 1차 입력
- 비례추이할 수 없는 것
  2차 효율, 동손, 출력, 저항, 동기속도

TIP 2차효율을 기준으로 생각

12 직류직권전동기의 속도제어에 사용되는 기기는?

① 초퍼
② 인버터
③ 듀얼 컨버터
④ 사이클로 컨버터

해설 | 변환기기
- 인버터 : 직류를 교류로 변환
- 컨버터 : 교류를 직류로 변환
- 초퍼 : 직류를 직류로 변환

13 6극 유도전동기의 고정자 슬롯(Slot)홈 수가 36이라면 인접한 슬롯 사이의 전기각은?

① 30°
② 60°
③ 120°
④ 180°

해설 | 전기각

전기각 = 기계각 $\times \dfrac{P}{2}$

∴ 전기각 = $\dfrac{360°}{36} \times \dfrac{6}{2} = 30°$

14 그림은 복권발전기의 외부특성곡선이다. 이 중 과복권을 나타내는 곡선은?

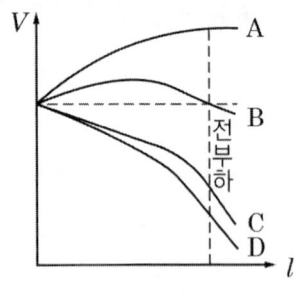

① A
② B
③ C
④ D

해설 | 외부특성곡선
A : 과복권, B : 평복권 C : 분권, D : 부족복권

15 누설 변압기에 필요한 특성은 무엇인가?

① 수하특성
② 정전압특성
③ 고저항특성
④ 고임피던스특성

해설 | 수하특성
부하전류가 증가하면 단자 전압이 저하되는 특성

16 단상 변압기 3대를 이용하여 △ - △결선하는 경우에 대한 설명으로 틀린 것은?

① 중성점을 접지할 수 없다.
② Y - Y결선에 비해 상전압이 선간전압의 $1/\sqrt{3}$ 배이므로 절연이 용이하다.
③ 3대 중 1대에서 고장이 발생하여도 나머지 2대로 V결선하여 운전을 계속할 수 있다.
④ 결선 내에 순환전류가 흐르나 외부에는 나타나지 않으므로 통신장애에 대한 염려가 없다.

해설 | 변압기의 △ - △결선
△결선에서는 선간전압과 상전압의 크기가 같고 상전류가 선전류의 $\dfrac{1}{\sqrt{3}}$ 배이다.
따라서 대전류에 유리하다.

17 직류전동기의 속도제어 방법에서 광범위한 속도제어가 가능하며, 운전 효율이 가장 좋은 방법은?

① 계자제어
② 전압제어
③ 직렬저항제어
④ 병렬저항제어

해설 | 직류전동기의 전압제어
(1) 전압제어법 : 미세한 조정이 가능하고, 광범위한 조정이 가능하며, 제어 효율이 우수하다(정토크제어).
(2) 전압제어의 종류
 • 워드레오너드 방식
 • 정지형레오너드 방식
 • 일그너 방식
 • 직병렬 방식

18 200 [V]의 배전선 전압을 220 [V]로 승압하여 30 [kVA]의 부하에 전력을 공급하는 단권변압기가 있다. 이 단권변압기의 자기용량은 약 몇 [kVA]인가?

① 2.73
② 3.55
③ 4.26
④ 5.25

해설 | 단권변압기의 용량비

• $\dfrac{\text{자기용량}}{\text{부하용량}} = \dfrac{V_h - V_\ell}{V_h}$

자기용량 $= \text{부하용량} \times \dfrac{V_h - V_\ell}{V_h}$

$= 30 \times \dfrac{220 - 200}{220}$

$= 2.73 \, [\text{kVA}]$

19 동기발전기의 단락시험, 무부하시험에서 구할 수 없는 것은?

① 철손
② 단락비
③ 동기리액턴스
④ 전기자반작용

해설 | 등가회로 작성 시 필요한 시험
• 무부하시험으로 구할 수 있는 값
 철손, 기계손
• 단락시험으로 구할 수 있는 값
 동기임피던스, 동기리액턴스

20 유도전동기에서 공간적으로 본 고정자에 의한 회전자계와 회전자에 의한 회전자계는?

① 항상 동상으로 회전한다.
② 슬립만큼의 위상각을 가지고 회전한다.
③ 역률각만큼의 위상각을 가지고 회전한다.
④ 항상 180°만큼의 위상각을 가지고 회전한다.

해설 | 유도전동기의 회전자계
• 동기속도 $N_s = \dfrac{120f}{P}$
• 회전 속도 $N = (1-s)N_s = N_s - sN_s$
상대 속도차가 있지만 같은 방향으로, 공간적으로는 항상 동상으로 회전

2019년 3회

01 동기발전기에 회전계자형을 사용하는 이유로 틀린 것은?

① 기전력의 파형을 개선한다.
② 계자가 회전자이지만 저전압 소용량의 직류이므로 구조가 간단하다.
③ 전기자가 고정자이므로 고전압 대전류용에 좋고 절연이 쉽다.
④ 전기자보다 계자극을 회전자로 하는 것이 기계적으로 튼튼하다.

해설 | 동기 발전기를 회전계자형으로 하는 이유
- 계자를 회전하고 전기자를 고정한다.
- 기계적으로 튼튼하다.
- 계자는 소요전력이 작고 절연이 용이하다.
- 계자가 회전자이지만 저전압 소용량의 직류이므로 구조가 간단
- 파형을 개선시키지는 않는다.

02 60[Hz], 12극, 회전자 외경 2[m]의 동기발전기에 있어서 자극면의 주변 속도[m/s]는 약 얼마인가?

① 34 ② 43
③ 59 ④ 63

해설 | 회전자의 주변속도
$$N_s = \frac{120f}{p} = \frac{120 \times 60}{12} = 600 [\text{rpm}]$$
$$v_s = \pi D \frac{N_s}{60} = \pi \times 2 \times \frac{600}{60} = 63 [\text{m/s}]$$

03 단상 전파정류회로를 구성한 것으로 옳은 것은?

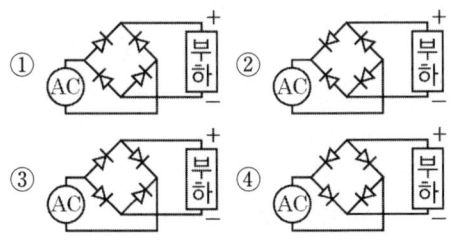

해설 | 단상전파 정류회로
부하에 전류가 한 방향으로 흐르게 하는 다이오드의 결선을 해야 한다.

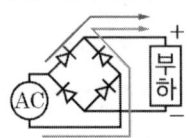

04 동기전동기의 전기자반작용에서 전기자 전류가 앞서는 경우 어떤 작용이 일어나는가?

① 증자작용 ② 감자작용
③ 횡축반작용 ④ 교차자화작용

해설 | 동기전동기의 전기자반작용

정답 01 ① 02 ④ 03 ① 04 ②

05 3상 유도전동기의 원선도 작성에 필요한 기본량이 아닌 것은?

① 저항 측정   ② 슬립 측정
③ 구속시험   ④ 무부하시험

해설 | 유도전동기의 원선도 작성
- 무부하시험 : 철손, 무부하전류, 여자 어드미턴스 등을 구할 수 있다.
- 구속시험 : 2차 동손을 구할 수 있다.
- 저항 측정시험 : 1차 동손을 구할 수 있다.

06 유도전동기의 원선도에서 원의 지름은? (단, E는 1차 전압, r는 1차로 환산한 저항, x를 1차로 환산한 누설리액턴스라 한다)

① rE에 비례   ② rxE에 비례
③ $\dfrac{E}{r}$에 비례   ④ $\dfrac{E}{x}$에 비례

해설 | 원선도
- 전동기의 간단한 시험 결과로부터 시스템의 동작 특성을 부여하는 원형의 궤적
- 원선도 작성에 필요한 시험
  무부하시험, 구속시험, 저항 측정시험

07 단상 직권정류자전동기에 관한 설명 중 틀린 것은? (단, A : 전기자, C : 보상권선, F : 계자권선이라 한다)

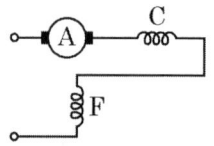

① 직권형은 A와 F가 직렬로 되어 있다.
② 보상 직권형은 A, C 및 F가 직렬로 되어 있다.
③ 단상 직권정류자전동기에서는 보극권선을 사용하지 않는다.
④ 유도보상 직권형은 A와 F가 직렬로 되어 있고 C는 A에서 분리한 후 단락되어 있다.

해설 | 단상 직권정류자전동기
- 직류와 교류를 모두 사용할 수 있는 전동기
- 직권형은 A, F가 직렬
- 보상 직권형은 A, C 및 F가 직렬
- 유도보상 직권형은 A, F가 직렬로 되어 있고 C는 A에서 분리한 후 단락

08 PN 접합구조로 되어 있고 제어는 불가능하나 교류를 직류로 변환하는 반도체 정류소자는?

① IGBT   ② 다이오드
③ MOSFET   ④ 사이리스터

해설 | 다이오드
전압이나 전류를 제어하기 위해서는 Gate가 필요하나 Diode는 Gate가 없다.

정답 05 ② 06 ④ 07 ③ 08 ②

09 3상 분권정류자전동기의 설명으로 틀린 것은?

① 변압기를 사용하여 전원전압을 낮춘다.
② 정류자권선은 저전압 대전류에 적합하다.
③ 부하가 가해지면 슬립의 발생 소요 토크는 직류전동기와 같다.
④ 특성이 가장 뛰어나고 널리 사용되고 있는 전동기는 시라게전동기이다.

해설 | 3상 분권 정류자전동기(시라게전동기)
- DC 모터와 비슷하게 브러시가 있고, 브러시 간격을 조절하여 속도제어
- 정방기, 제지기에 사용
- 특성이 가장 뛰어나고 널리 사용되고 있는 전동기
- 정류자권선은 저전압 대전류에 적합
- 3상 분권정류자전동기는 권선형 유도전동기(교류 정류자전동기)의 일종으로 직류전동기와 다르다.

10 유도전동기의 회전자에 슬립주파수의 전압을 공급하여 속도를 제어하는 방법은?

① 2차 저항법   ② 2차 여자법
③ 직류 여자법 ④ 주파수 변환법

해설 | 2차 여자법의 종류
3상 권선형 유도전동기의 슬립링을 통하여 슬립주파수의 전압을 공급하여 속도를 제어하는 방법
- 셀비어스 방법
- 크래머 방법

11 권선형 유도전동기의 속도 – 토크곡선에서 비례추이는 그 곡선이 무엇에 비례하여 이동하는가?

① 슬립   ② 회전수
③ 공급전압   ④ 2차 저항

해설 | 비례추이
- 3상 권선형 유도전동기
- 외부에서 저항을 증가
- 비례하여 슬립 증가
- 최대 토크 항상 일정
- $\dfrac{r_2}{s} = \dfrac{r_2 + R}{s'}$

12 정격전압 200 [V], 전기자 전류 100 [A]일 때 1000 [rpm]으로 회전하는 직류 분권전동기가 있다. 이 전동기의 무부하속도는 약 몇 [rpm]인가? (단, 전기자저항은 0.15 [Ω], 전기자반작용은 무시한다)

① 981   ② 1081
③ 1100   ④ 1180

해설 | 직류전동기의 속도 (N)
- 무부하 시 $E_0 = V = 200 \,[\text{V}]$
- 부하 시 $E = V - I_a R_a \,[\text{V}]$
  $E_c = 200 - 100 \times 0.15 = 185 \,[\text{V}]$
- $E_c = K\phi N$에서 $E_c \propto N$ 이므로
  $E_c : N = E_o : N_o$
  $185 : 1000 = 200 : N_o$
  $\therefore N_0 = \dfrac{200 \times 1000}{185} = 1081 \,[\text{rpm}]$

13 이상적인 변압기에서 2차를 개방한 벡터도 중 서로 반대 위상인 것은?

① 자속, 여자전류
② 입력전압, 1차 유도기전력
③ 여자전류, 2차 유도기전력
④ 1차 유도기전력, 2차 유도기전력

해설 | 이상적인 변압기
- 이상적인 변압기에서 자속과 여자전류는 동위상이다.
- 입력전압과 1차 유도기전력은 180°위상차가 난다.
- $\phi = \sin\omega t$일 때,
  $e = -\dfrac{d\phi}{dt} = -\cos\omega t = \sin(\omega t - 90°)$이 므로 1차 유도기전력이 90° 느리다.
- 1차 유도기전력과 2차 유도기전력은 동위상이다.

14 동일 정격의 3상 동기 발전기 2대를 무부하로 병렬운전하고 있을 때, 두 발전기의 기전력 사이에 30°의 위상차가 있으면 한 발전기에서 다른 발전기에 공급되는 유효전력은 몇 [kW]인가? (단, 각 발전기의(1상의) 기전력은 1000 [V], 동기리액턴스는 4 [Ω]이고, 전기자저항은 무시한다)

① 62.5　　　② $62.5 \times \sqrt{3}$
③ 125.5　　　④ $125.5 \times \sqrt{3}$

해설 | 수수전력의 크기
$P = \dfrac{E^2}{2Z_s}\sin\delta = \dfrac{1000^2}{2 \times 4} \times \sin 30°$
$= 62500 [W]$
$\therefore 62.5 [kW]$

15 어떤 단상 변압기의 2차 무부하 전압이 240 [V]이고 정격부하 시의 2차 단자전압이 230 [V]이다. 전압변동률은 약 몇 [%]인가?

① 2.35　　　② 3.35
③ 4.35　　　④ 5.35

해설 | 전압변동률(ϵ)
$\epsilon = \dfrac{V_{20} - V_{2n}}{V_{2n}} \times 100$
$= \dfrac{240 - 230}{230} \times 100 = 4.35 [\%]$

16 정격전압 6000 [V], 용량 5000 [kVA]의 Y결선 3상 동기발전기가 있다. 여자전류 200 [A]에서의 무부하 단자전압 6000 [V], 단락전류 600 [A]일 때, 이 발전기의 단락비는 약 얼마인가?

① 0.25　　　② 1
③ 1.25　　　④ 1.5

해설 | 단락비(K_s)
$K_s = \dfrac{I_s}{I_n} = \dfrac{I_s}{\dfrac{P_n}{\sqrt{3}\,V_n}} = \dfrac{600}{\dfrac{5000}{\sqrt{3}\times 6}} = 1.25$

17 다음은 직류발전기의 정류곡선이다. 이 중에서 정류 초기에 정류의 상태가 좋지 않은 것은?

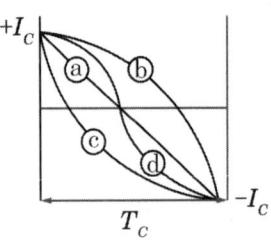

① ⓐ ② ⓑ
③ ⓒ ④ ⓓ

해설 | 정류곡선
- 직선정류곡선 : 이상적인 정류
- 부족정류곡선 : 정류 말기에 불꽃 발생
- 과정류곡선 : 정류 초기에 불꽃 발생
- 정현정류곡선 : 보극과 탄소브러시로 개선

TIP 경사가 급할수록 불꽃 발생

18 2대의 변압기로 V결선하여 3상 변압하는 경우 변압기 이용률[%]은?

① 57.8 ② 66.6
③ 86.6 ④ 100

해설 | V결선 시 이용률과 출력비
- 이용률 $= \dfrac{V결선\ 시\ 용량}{2대\ 용량}$
  $= \dfrac{\sqrt{3}\,VI}{2\,VI} = \dfrac{\sqrt{3}}{2} \fallingdotseq 0.866$
- 출력비 $= \dfrac{V결선시\ 3상\ 출력}{\triangle\ 결선시\ 3상\ 출력}$
  $= \dfrac{\sqrt{3}\,P_1}{3P_1} = \dfrac{1}{\sqrt{3}} \fallingdotseq 0.577$

19 직류기의 전기자에 일반적으로 사용되는 전기자권선법은?

① 2층권 ② 개로권
③ 환상권 ④ 단층권

해설 | 직류기 전기자권선법
고상권, 폐로권, 2층권(중권, 파권)

20 3300/200 [V], 50 [kVA]인 단상 변압기의 %저항, %리액턴스를 각각 2.4 [%], 1.6 [%]라 하면 이때의 임피던스전압은 약 몇 [V]인가?

① 95 ② 100
③ 105 ④ 110

해설 | 임피던스전압 $V_s = I_{1n}\,Z_{12}\,[V]$
- $\%Z = \dfrac{I_{1n}Z_{12}}{V_{1n}} \times 100 = \dfrac{V_s}{V_{1n}} \times 100$

$\therefore V_s = \dfrac{\%Z \times V_{1n}}{100}$

$= \dfrac{\sqrt{2.4^2 + 1.6^2} \times 3300}{100}$

$= 95\,[V]$

정답 17 ③ 18 ③ 19 ① 20 ①

2018년 1회

01 유도전동기의 출력과 같은 것은?

① 출력 = 입력전압 - 철손
② 출력 = 기계 출력 - 기계손
③ 출력 = 2차 입력 - 2차 저항손
④ 출력 = 입력전압 - 1차 저항손

해설 | 유도전동기의 출력
- 기계적 출력 = 기계출력 - 기계손
- 전동기 출력 = 2차 입력 - 2차 저항손
출력의 조건이 없으므로 ②, ③ 모두 정답으로 인정

02 75 [W] 이하의 소출력으로 소형공구, 영사기, 치과 의료용 등에 널리 이용되는 전동기는?

① 단상 반발전동기
② 영구자석 스텝전동기
③ 3상 직권 정류자전동기
④ 단상 직권 정류자전동기

해설 | 단상 직권 정류자전동기
기동 토크가 크고 회전수가 크기 때문에 75 [W] 이하의 소출력인 소형공구, 영사기, 치과 의료용 등에 전동기로서 많이 사용

03 직류발전기를 병렬운전할 때 균압선이 필요한 직류발전기는?

① 분권발전기, 직권발전기
② 분권발전기, 복권발전기
③ 직권발전기, 복권발전기
④ 분권발전기, 단극 발전기

해설 | 균압선이 필요한 직류발전기
직권발전기, 복권발전기

04 병렬운전하고 있는 2대의 3상 동기발전기 사이에 무효순환전류가 흐르는 경우는?

① 부하의 증가
② 부하의 감소
③ 여자전류의 변화
④ 원동기의 출력 변화

해설 | 무효순환전류
- 발전기의 기전력의 크기가 다를 경우
- 무효순환전류 $I_c = \dfrac{E_1 - E_2}{2Z_s}$ [A]

정답 01 ② ③ 02 ④ 03 ③ 04 ③

05 전압이나 전류의 제어가 불가능한 소자는?

① SCR
② GTO
③ IGBT
④ Diode

해설 | 다이오드
전압이나 전류를 제어하기 위해서는 게이트가 필요하나 Diode는 게이트가 없다

06 전기자저항이 각각 $R_A = 0.1\,[\Omega]$과 $R_B = 0.2\,[\Omega]$인 100 [V], 10 [kW]의 두 분권발전기의 유기기전력을 같게 해서 병렬운전하여, 정격전압으로 135 [A]의 부하전류를 공급할 때 각 기기의 분담전류는 몇 [A]인가?

① $I_A = 80$, $I_B = 55$
② $I_A = 90$, $I_B = 45$
③ $I_A = 100$, $I_B = 35$
④ $I_A = 110$, $I_B = 25$

해설 | 직류발전기의 부하분담
- $E_A = E_B$
  $\Rightarrow V_A + I_A R_A = V_B + I_B R_B$
  $100 + I_A \times 0.1 = 100 + I_B \times 0.2$
  $\therefore I_A = 2I_B$
- $I_A + I_B = 2I_B + I_A = 3I_B = 135\,[\text{A}]$
  $\therefore I_B = 45\,[\text{A}], \quad I_A = 90\,[\text{A}]$

07 다이오드를 사용한 정류회로에서 여러 개를 병렬로 연결하여 사용할 경우 얻는 효과는?

① 인가전압 증가
② 다이오드의 효율 증가
③ 부하 출력의 맥동률 감소
④ 다이오드의 허용전류 증가

해설 | 다이오드의 보호
- 다이오드 직렬 추가
  과전압으로부터 보호하여 입력전압 증가
- 다이오드 병렬 추가
  과전류로부터 보호하여 허용전류 증가

08 △결선 변압기의 한 대가 고장으로 제거되어 V결선으로 공급할 때 공급할 수 있는 전력은 고장 전 전력에 대하여 몇 [%]인가?

① 57.7
② 66.7
③ 75.0
④ 86.6

해설 | V결선 시 이용률과 출력비
- 이용률 $= \dfrac{V결선\ 시\ 용량}{2대\ 용량}$
  $= \dfrac{\sqrt{3}\,VI}{2VI} = 0.866$
- 출력비 $= \dfrac{V결선\ 시\ 3상\ 출력}{\triangle\ 결선\ 시\ 3상\ 출력}$
  $= \dfrac{\sqrt{3}\,P_1}{3P_1} = 0.577$

09 변압기의 2차를 단락한 경우에 1차 단락 전류 I_{s1}은? (단, V_1 : 1차 단자전압, Z_1 : 1차 권선의 임피던스, Z_2 : 2차 권선의 임피던스, Z : 부하의 임피던스, a : 권수비)

① $I_{s1} = \dfrac{V_1}{Z_1 + a^2 Z_2}$

② $I_{s1} = \dfrac{V_1}{Z_1 + aZ_2}$

③ $I_{s1} = \dfrac{V_1}{Z_1 - aZ_2}$

④ $I_{s1} = \dfrac{V_1}{Z_1 + Z_2 + Z}$

해설 | 1차 측 환산 등가회로
$Z_{12} = Z_1 + a^2 Z_2$, $I_{s1} = \dfrac{V_1}{Z_{12}}$

---

10 직류 분권전동기에서 단자전압 210 [V], 전기자전류 20 [A], 1500 [rpm]으로 운전할 때 발생 토크는 약 몇 [N·m]인가? (단, 전기자저항은 0.15 [Ω]이다)

① 13.2 ② 26.4
③ 33.9 ④ 66.9

해설 | 직류전동기의 토크 (τ)
$\tau = \dfrac{P[\text{W}]}{\omega [\text{rad/s}]} = \dfrac{P}{2\pi \dfrac{N}{60}} = 9.55 \dfrac{E_c I_a}{N}$ [N·m]

$= 9.55 \times \dfrac{(V - I_a R_a) I_a}{N}$

$= 9.55 \times \dfrac{(210 - 20 \times 0.15) \times 20}{1,500}$

$= 26.4$ [N·m]

---

11 220 [V], 50 [kW]인 직류직권전동기를 운전하는데 전기자저항(브러시의 접촉저항 포함)이 0.05 [Ω]이고 기계적 손실이 1.7 [kW], 표유손이 출력의 1 [%]이다. 부하전류가 100 [A]일 때의 출력은 약 몇 [kW]인가?

① 14.5 ② 16.7
③ 18.2 ④ 19.6

해설 | 전동기의 출력 (P)
• 역기전력
$E_c = V - I_a R_a = 220 - 100 \times 0.05$
$= 215$ [V]

• 기계적 출력
$P = E_c I_a = 215 \times 100 = 21.5$ [kW]

• 출력
$P' = 21.5 - 1.7 - 21.5 \times 0.01$
$= 19.6$ [kW]

---

12 60 [Hz], 12극, 회전자의 외경 2 [m]인 동기발전기에 있어서 회전자의 주변속도는 약 몇 [m/s]인가?

① 43 ② 62.8
③ 120 ④ 132

해설 | 회전자의 주변속도
$v = \pi D \dfrac{N_s}{60}$ [m/s]

$v = \pi \times 2 \times \dfrac{\dfrac{120 \times 60}{12}}{60} = 62.8$ [m/s]

13 변압기의 등가회로를 작성하기 위하여 필요한 시험은?

① 권선저항 측정, 무부하시험, 단락시험
② 상회전시험, 절연내력시험, 권선저항 측정
③ 온도상승시험, 절연내력시험, 무부하시험
④ 온도상승시험, 절연내력시험, 권선저항 측정

해설 | 등가회로 작성 시 필요한 시험
- 무부하시험
- 단락시험
- 저항 측정시험

14 직류 타여자 발전기의 부하전류와 전기자 전류의 크기는?

① 전기자전류와 부하전류가 같다.
② 부하전류가 전기자전류보다 크다.
③ 전기자전류가 부하전류보다 크다.
④ 전기자전류와 부하전류는 항상 0이다.

해설 | 타여자 발전기
- $I = I_a$, $E = V + I_a R_a$

15 유도전동기의 특성에서 토크와 2차 입력 및 동기 속도의 관계는?

① 토크는 2차 입력과 동기 속도의 곱에 비례한다.
② 토크는 2차 입력에 반비례하고, 동기 속도에 비례한다.
③ 토크는 2차 입력에 비례하고, 동기 속도에 반비례한다.
④ 토크는 2차 입력의 자승에 비례하고, 동기 속도의 자승에 반비례한다.

해설 | 토크

$$\tau = 0.975 \frac{P_2}{N_s} = 0.975 \frac{P_0}{N} \, [\text{kg} \cdot \text{m}]$$

$$\tau = 9.55 \frac{P_2}{N_s} = 9.55 \frac{P_0}{N} \, [\text{N} \cdot \text{m}]$$

16 농형 유도전동기의 속도제어법이 아닌 것은?

① 극수변환
② 1차 저항변환
③ 전원전압변환
④ 전원주파수변환

해설 | 3상 유도전동기의 속도제어법
- 권선형 : 2차 여자법, 2차 저항제어법, 종속법
- 농형 : 주파수 변환법, 극수변환법, 1차 전압제어법

정답 13 ① 14 ① 15 ③ 16 ②

17 220 [V], 60 [Hz], 8극, 15 [kW]의 3상 유도전동기에서 전부하 회전수가 864 [rpm]이면 이 전동기의 2차 동손은 몇 [W]인가?

① 435 ② 537
③ 625 ④ 723

해설 | 2차 동손 (P_{2c})

2차 출력 = 2차 입력 - 2차 손실 이므로
$P_o = P_2 - P_{c2} = P_2 - sP_2 = (1-s)P_2$
$P_2 = \dfrac{1}{1-s}P_o$

- $s = \dfrac{N_s - N}{N_s} = \dfrac{900 - 864}{900} = 0.04$

$\left(\because N_s = \dfrac{120f}{p} = \dfrac{120 \times 60}{8} = 900\,[rpm]\right)$

$P_{c2} = sP_2 = \dfrac{s}{1-s}P_o$
$= \dfrac{0.04}{0.96} \times 15 \times 10^3 = 625\,[W]$

18 2대의 동기발전기가 병렬운전하고 있을 때 동기화 전류가 흐르는 경우는?

① 부하분담에 차가 있을 때
② 기전력의 크기에 차가 있을 때
③ 기전력의 위상에 차가 있을 때
④ 기전력의 파형에 차가 있을 때

해설 | 동기화 전류(유효 순환전류)
- 두 동기 발전기에 위상차가 발생한 경우
- 동기화 전류 $I_s = \dfrac{E_A}{Z_s}\sin\dfrac{\delta}{2}$ [A]

19 선박추진용 및 전기자동차용 구동전동기의 속도제어로 가장 적합한 것은?

① 저항에 의한 제어
② 전압에 의한 제어
③ 극수변환에 의한 제어
④ 전원주파수에 의한 제어

해설 | 주파수 변환법
- 인버터 등을 이용하여 주파수를 변환하여 속도를 제어
- 고속 회전이 가능하여 선박추진용 및 전기자동차용 구동전동기의 속도제어에 사용

20 변압기에서 권수가 2배가 되면 유기기전력은 몇 배가 되는가?

① 1 ② 2
③ 4 ④ 8

해설 | 변압기의 권수비(a)
- $E_1 = 4.44fN_1\phi k_w$,
  $E_1 = 4.44fN_1\phi k_w$
- $\therefore E \propto N$

권수가 2배가 되면 유기기전력도 2배가 된다.

정답 17 ③ 18 ③ 19 ④ 20 ②

2018년 2회 — 전기산업기사 전기기기

01 3상 전원에서 2상 전원을 얻기 위한 변압기의 결선 방법은?

① △ ② T
③ Y ④ V

해설 | 상수변환 결선법
- 3상을 2상으로 변환
  스코트 (T)결선, 메이어결선, 우드브릿지 결선
- 3상을 6상으로 변환
  2차 2중 △결선, 환상결선, 대각결선, 2차 2중 Y결선, Fork결선

02 직류직권전동기의 운전상 위험 속도를 방지하는 방법 중 가장 적합한 것은?

① 무부하 운전한다.
② 경부하 운전한다.
③ 무여자 운전한다.
④ 부하와 기어를 연결한다.

해설 | 직류전동기의 운전의 위험상태
- 직권전동기 : 무부하 상태
  무부하 상태에서 속도가 급격히 상승하여 위험하므로 반드시 부하와 기어를 사용해야 한다.
- 분권전동기 : 무여자 상태

03 권선형 유도전동기의 설명으로 틀린 것은?

① 회전자의 3개의 슬립링과 연결되어 있다.
② 기동할 때에 회전자는 슬립링을 통하여 외부에 가감 저항기를 접속한다.
③ 기동할 때에 회전자에 적당한 저항을 갖게 하여 필요한 기동 토크를 갖게 한다.
④ 전동기 속도가 상승함에 따라 외부저항을 점점 감소시키고 최후에는 슬립링을 개방한다.

해설 | 권선형 유도전동기
전동기 속도가 상승함에 따라 외부저항을 점점 감소시키고 최후에는 슬립링을 단락

04 단상 반파정류회로에서 평균 직류전압 200 [V]를 얻는 데 필요한 변압기 2차 전압은 약 몇 [V]인가? (단, 부하는 순저항이고 정류기의 전압강하는 15 [V]로 한다)

① 400 ② 478
③ 512 ④ 642

해설 | 단상 반파정류회로
$$E_d = \frac{\sqrt{2}}{\pi}E - e = 0.45E - e$$
$$\Rightarrow 200 = 0.45E - 15$$
$$E = \frac{200 + 15}{0.45} = 478 \,[\text{V}]$$

정답 01 ② 02 ④ 03 ④ 04 ②

05 유도전동기의 슬립 s의 범위는?

① 1 < s < 0
② 0 < s < 1
③ -1 < s < 1
④ -1 < s < 0

해설 | 슬립 영역
- 유도발전기 : -1 < s < 0
- 유도전동기 : 0 < s < 1
- 유도제동기 : 1 < s

06 정격전압에서 전부하로 운전하는 직류직권전동기의 부하전류가 50 [A]이다. 부하토크가 반으로 감소하면 부하전류는 약 몇 [A]인가? (단, 자기포화는 무시한다)

① 25
② 35
③ 45
④ 50

해설 | 직권전동기의 토크

$\tau \propto I^2$, $\frac{1}{2}\tau \propto \frac{1}{2}I^2$

$\frac{1}{2}I^2 = \left(\sqrt{\frac{1}{2}}I\right)^2$

따라서 전류는 $\sqrt{\frac{1}{2}}$ 배가 되므로

$I' = \sqrt{\frac{1}{2}} \times 50 = 35$ [A]

07 단상 변압기를 병렬운전하는 경우 부하전류의 분담에 관한 설명 중 옳은 것은?

① 누설리액턴스에 비례한다.
② 누설임피던스에 비례한다.
③ 누설임피던스에 반비례한다.
④ 누설리액턴스의 제곱에 반비례한다.

해설 | 변압기의 부하 분담
부하분담 시 용량에 비례하고 %임피던스강하에는 반비례할 것

$\frac{I_a}{I_b} = \frac{P_a[\text{KVA}]}{P_b[\text{KVA}]} \times \frac{\%Z_b}{\%Z_a}$

08 3상 동기기에서 제동권선의 주 목적은?

① 출력 개선
② 효율 개선
③ 역률 개선
④ 난조 방지

해설 | 제동권선
- 기동 토크 발생
- 동기기의 난조 현상 방지
- 부하 불평형 시, 전압과 전류의 파형 개선
- 단락 사고 시 이상전압 발생 억제

정답 05 ② 06 ② 07 ③ 08 ④

09 단상 유도전압조정기의 원리는 다음 중 어느 것을 응용한 것인가?

① 3권선 변압기
② V결선 변압기
③ 단상 단권변압기
④ 스콧트결선(T결선) 변압기

해설 | 단상 유도전압 조정기

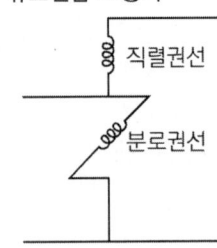

- 직렬권선과 분로권선으로 구성
- 기동 시 기동 토크가 존재하지 않으므로 반드시 기동장치 필요
- 교번자계 이용
- 입·출력전압 사이에 위상차가 없음
- 단락권선 필요

10 유도전동기의 속도제어 방식으로 틀린 것은?

① 크레머 방식
② 일그너 방식
③ 2차 저항제어 방식
④ 1차 주파수제어 방식

해설 | 3상 유도전동기의 속도제어법
- 권선형 : 2차 여자법(크레머, 세르비우스), 2차 저항제어법(비례추이), 종속법
- 농형 : 주파수제어법, 극수변환법, 전원전압변환법
- 일그너 방식은 직류전동기의 속도제어 방식

11 4극, 60 [Hz]의 정류자 주파수 변환기가 회전자계 방향으로 1440 [rpm]으로 회전할 때의 주파수는 몇 [Hz]인가?

① 8 ② 10
③ 12 ④ 15

해설 | 2차 주파수
2차 주파수 $f_2 = sf_1$
슬립 $s = \dfrac{N_s - N}{N_s}$
$N_s = \dfrac{120f}{p} = \dfrac{120 \times 60}{4} = 1800 \,[\text{rpm}]$
$\therefore s = \dfrac{1800 - 1440}{1800} = 0.2$
$f_2 = sf_1 = 0.2 \times 60 = 12 \,[\text{Hz}]$

12 직류전동기의 속도제어법 중 광범위한 속도제어가 가능하며 운전 효율이 좋은 방법은?

① 병렬제어법 ② 전압제어법
③ 계자제어법 ④ 저항제어법

해설 | 직류전동기의 속도제어
$N = K \dfrac{V - I_a R_a}{\phi} \,[\text{rpm}]$
① 전압제어(정토크제어)
  - 워드레오너드 방식
    광범위한 속도 조정, 효율 양호
  - 정지형 레오너드 방식
  - 일그너 방식
② 계자제어 : 구조 간단
③ 저항제어 효율 불량

정답 09 ③ 10 ② 11 ③ 12 ②

13 교류 단상 직권전동기의 구조를 설명한 것 중 옳은 것은?

① 역률 및 정류 개선을 위해 약계자 강전기자형으로 한다.
② 전기자반작용을 줄이기 위해 약계자 강전기자형으로 한다.
③ 정류 개선을 위해 강계자 약전기자형으로 한다.
④ 역률 개선을 위해 고정자와 회전자의 자로를 성층철심으로 한다.

해설 | 단상 직권 정류자전동기
- 직류와 교류를 모두 사용할 수 있는 전동기
- 역률 저하방지 및 정류 개선을 위해 전기자권선의 권수를 계자권선보다 많게 한다 (약계자 강전기자형).
- 속도가 증가할수록 역률이 개선된다.
- 철손을 줄이기 위해 고정자와 회전자의 자로를 성층철심으로 한다.

14 변압기의 단락시험과 관계없는 것은?

① 전압 변동률   ② 임피던스와트
③ 임피던스전압   ④ 여자 어드미턴스

해설 | 변압기의 시험 측정
- 단락시험으로 측정가능한 값
  단락전압, 정격전류, 동손, 내부임피던스, 권선저항, 누설자속, 임피던스와트(동손), 임피던스전압
- 무부하시험으로 측정가능한 값
  무부하전류, 히스테리시스손 (철손, 와전류), 여자 어드미턴스

15 전기자저항이 0.3 [Ω] 인 분권발전기가 단자전압 550 [V]에서 부하전류가 100 [A]일 때 발생하는 유도기전력 [V]은? (단, 계자전류는 무시한다)

① 260   ② 420
③ 580   ④ 750

해설 | 분권발전기의 특성
$E = V + I_a R_a,\ I_a = I + I_f$
$E = 550 + 100 \times 0.3 = 580\,[\mathrm{V}]$

16 동기기의 단락전류를 제한하는 요소는?

① 단락비   ② 정격 전류
③ 동기 임피던스   ④ 자기여자작용

해설 | 동기 발전기의 단락전류
$I_s = \dfrac{E}{Z_s} = \dfrac{E}{\sqrt{R_a^{\,2} + X_s^{\,2}}}$

17 병렬운전 중인 A, B 두 동기발전기 중 A발전기의 여자를 B발전기보다 증가시키면 A발전기는?

① 동기화 전류가 흐른다.
② 부하 전류가 증가한다.
③ 90° 진상 전류가 흐른다.
④ 90°지상 전류가 흐른다.

해설 | 동기발전기의 병렬운전(G_1여자증가 시)

구분	G_1 발전기	G_2 발전기
자속	증가	불변
유기기전력	증가	불변
유효분 전류	불변	불변
유효전력	불변	불변
무효분 전류	지상분 증가	진상분 증가
무효전력	지상분 증가	진상분 증가
역률	감소	상승

18 3상 동기발전기가 그림과 같이 1선 지락이 발생하였을 경우 단락전류 I_0를 구하는 식은? (단, E_z는 무부하 유기기전력의 상전압, Z_0, Z_1, Z_2는 영상, 정상, 역상 임피던스이다)

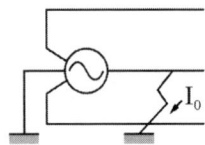

① $I_0 = \dfrac{3\dot{E}_a}{\dot{Z}_0 \times \dot{Z}_1 \times \dot{Z}_2}$ ② $I_0 = \dfrac{\dot{E}_a}{\dot{Z}_0 \times \dot{Z}_1 \times \dot{Z}_2}$

③ $I_0 = \dfrac{3\dot{E}_a}{\dot{Z}_0 + \dot{Z}_1 + \dot{Z}_2}$ ④ $I_0 = \dfrac{3\dot{E}_a}{\dot{Z}_0 + \dot{Z}_1^2 + \dot{Z}_2^3}$

해설 | 동기발전기의 지락
지락전류의 조건을 주고 단락전류를 물었으므로 전항 정답, 지락전류는 ③번

19 유도전동기의 동기와트에 대한 설명으로 옳은 것은?

① 동기 속도에서 1차 입력
② 동기 속도에서 2차 입력
③ 동기 속도에서 2차 출력
④ 동기 속도에서 2차 동손

해설 | 동기와트
유도전동기가 동기 속도로 회전할 때의 2차 입력

20 임피던스전압강하 4 [%]의 변압기가 운전 중 단락되었을 때 단락전류는 정격전류의 몇 배가 흐르는가?

① 15 ② 20
③ 25 ④ 30

해설 | 단락비
$K = \dfrac{I_s}{I_n} = \dfrac{100}{\%Z}, \quad I_s = \dfrac{100}{\%Z} I_n$

$I_s = \dfrac{100}{4} \times I_n = 25 I_n$

2018년 3회

01
3상 Y결선, 30 [kW], 460 [V], 60 [Hz] 정격인 유도전동기의 시험 결과가 다음과 같다. 이 전동기의 무부하 시 1상 당 동손은 약 몇 [W]인가? (단, 소수점 이하는 무시한다)

- 무부하시험 : 인가전압 460 [V], 전류 32 [A]
- 소비전력 : 4600 [W]
- 직류시험 : 인가전압 12 [V], 전류 60 [A]

① 102　　② 104
③ 106　　④ 108

해설 | 유도전동기의 손실

동손 $P_c = I^2 R$ 에서 무부하 시 동손을 구하기 위해서 전류는 무부하시험 시 흐르는 전류를 이용하지만 저항은 직류시험을 통해서 구한다.
따라서 $I = 32$ [A]이고
저항은 Y결선은 저항이 직렬로 2개가 연결된 구조이므로

$I = \dfrac{E}{2R}$ ⇒ 한 상의 저항 $R = \dfrac{E}{2I}$

$R = \dfrac{E}{2I} = \dfrac{12}{2 \times 60} = 0.1 [\Omega]$

∴ 무부하 시 1상당 동손은
　$I^2 R = 32^2 \times 0.1 = 102$ [W]

02
임피던스강하가 4 [%]인 변압기가 운전 중 단락되었을 때 그 단락전류는 정격전류의 몇 배인가?

① 15　　② 20
③ 25　　④ 30

해설 | 단락전류 $\left(I_s = \dfrac{100}{\%Z} I_n\right)$

$I_s = \dfrac{100}{4} \times I_n = 25 I_n$

03
3상 유도전동기의 특성에 관한 설명으로 옳은 것은?

① 최대 토크는 슬립과 반비례한다.
② 기동 토크는 전압의 2승에 비례한다.
③ 최대 토크는 2차 저항과 반비례한다.
④ 기동 토크는 전압의 2승에 반비례한다.

해설 | 유도전동기의 토크

$\tau \propto V^2 \propto \dfrac{1}{s}$, $s \propto \dfrac{1}{V^2}$

정답　01 ①　02 ③　03 ②

04 3상 유도전동기의 속도제어법이 아닌 것은?

① 극수변환법　　② 1차 여자제어
③ 2차 저항제어　④ 1차 주파수제어

해설 | 유도전동기의 속도제어법
- 농형 유도전동기
  극수 변환법, 주파수제어법, 1차 전압제어법
- 권선형 유도전동기
  2차 저항제어법(비례추이), 2차 여자법

05 3상 유도전동기의 출력이 10 [kW], 전부하 때의 슬립이 5 [%]라 하면 2차 동손은 약 몇 [kW]인가?

① 0.426　　② 0.526
③ 0.626　　④ 0.726

해설 | 2차 동손 (P_{c2})
2차 출력 = 2차 입력 - 2차 손실이므로
$P_o = P_2 - P_{c2} = P_2 - sP_2 = (1-s)P_2$
$P_2 = \dfrac{1}{1-s}P_o$
$P_{c2} = sP_2 = \dfrac{s}{1-s}P_o$
$= \dfrac{0.05}{0.95} \times 10 \times 10^3 = 526 \, [\text{W}]$
∴ $P_{c2} = 0.526 \, [\text{kW}]$

06 직류발전기의 전기자권선법 중 단중 파권과 단중 중권을 비교했을 때 단중 파권에 해당하는 것은?

① 고전압 대전류　② 저전압 소전류
③ 고전압 소전류　④ 저전압 대전류

해설 | 직류기의 전기자권선법

권선법	중권(병렬권)	파권(직렬권)
전압	저전압	고전압
전류	대전류	소전류
병렬회로 수	$a = P$	$a = 2$
브러시 수	$b = P$	$b = 2\,(P)$
균압환	필요	불필요

07 일반적으로 전철이나 화학용과 같이 비교적 용량이 큰 수은 정류기용 변압기의 2차 측 결선 방식으로 쓰이는 것은?

① 3상 반파　　② 3상 전파
③ 3상 크로즈파　④ 6상 2중 성형

해설 | 수은 정류기용 변압기
용량이 큰 수은 정류기용 변압기의 2차 측은 6상 2중 성형결선으로 한다.

08 자기용량 3 [kVA], 3000/100 [V]의 단권변압기를 승압기로 연결하고 1차 측에 3000 [V]를 가했을 때 그 부하용량 [kVA]은?

① 76　　② 85
③ 93　　④ 94

해설 | 단권변압기의 용량비

- $\dfrac{\text{자기용량}}{\text{부하용량}} = \dfrac{V_h - V_\ell}{V_h}$

  V_h = 1차 측 전압 + 2차 측 전압 = 3100
  V_ℓ = 1차 측 전압 = 3000

- 부하용량 = 자기용량 $\times \dfrac{V_h}{V_h - V_\ell}$

  $= 3000 \times \dfrac{3100}{3100 - 3000}$
  $= 93 \,[\text{kVA}]$

09 SCR에 관한 설명으로 틀린 것은?

① 3단자 소자이다.
② 전류는 애노드에서 캐소드로 흐른다.
③ 소형의 전력을 다루고 고주파 스위칭을 요구하는 응용 분야에 주로 사용된다.
④ 도통 상태에서 순방향 애노드전류가 유지전류 이하로 되면 SCR은 차단상 태로 된다.

해설 | SCR(사이리스터)
- 단방향성 3단자 사이리스터
- PNPN의 4층접합구조
- 게이트에 래칭전류 이상의 전류를 인가한 이후에 유지전류를 인가하면 턴온 상태를 유지
- 애노드의 극성을 0 또는 부(-)로 하면 턴 오프 가능
- MOSFET는 소형의 전력을 다루고 고주파 스위칭을 요구하는 응용 분야에 주로 사용된다.

10 직류 분권전동기의 기동 시에는 계자 저항기의 저항값은 어떻게 설정하는가?

① 끊어 둔다.
② 최대로 해둔다.
③ 0(영)으로 해둔다.
④ 중위(中位)로 해둔다.

해설 | 직류 분권전동기
기동 시 기동 토크를 크게 만들기 위해, 계자저항을 최소로 하여 계자전류(여자전류)를 크게 해야 한다.

11 공급 전압이 일정하고 역률 1로 운전하고 있는 동기전동기의 여자전류를 증가시키면 어떻게 되는가?

① 역률은 뒤지고 전기자 전류는 감소한다.
② 역률은 뒤지고 전기자 전류는 증가한다.
③ 역률은 앞서고 전기자 전류는 감소한다.
④ 역률은 앞서고 전기자 전류는 증가한다.

해설 | 동기전동기의 위상특성곡선 (V곡선)

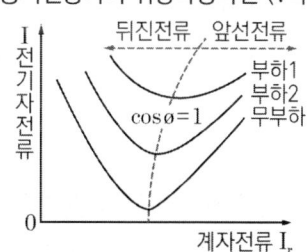

역률 1로 운전 시
- 계자전류보다 증가하면 전기자 전류는 증가되며, 앞선 역률이 된다.
- 계자전류보다 감소하면 전기자 전류는 증가되며, 뒤진 역률이 된다.

정답 09 ③ 10 ③ 11 ④

12 동기발전기의 단락비나 동기임피던스를 산출하는 데 필요한 특성곡선은?

① 부하 포화곡선과 3상 단락곡선
② 단상 단락곡선과 3상 단락곡선
③ 무부하 포화곡선과 3상 단락곡선
④ 무부하 포화곡선과 외부특성곡선

해설 | 단락비 $K_s = \dfrac{I_s}{I_n} = \dfrac{100}{\% Z_s}$

무부하포화곡선에서 정격전류를 구하고 3상 단락곡선에서 3상 단락전류를 구한다.

13 변압기의 내부 고장에 대한 보호용으로 사용되는 계전기는 어느 것이 적당한가?

① 방향계전기   ② 온도계전기
③ 접지계전기   ④ 비율차동계전기

해설 | 변압기 보호용 계전기
- 부흐홀츠계전기
- 비율차동계전기
- 차동계전기
- 온도계전기
- 압력계전기

14 직류 분권전동기 운전 중 계자권선의 저항이 증가할 때 회전 속도는?

① 일정하다.   ② 감소한다.
③ 증가한다.   ④ 관계없다.

해설 | 계자저항 증가
- 계자전류가 감소
- 자속이 감소
- 속도 증가

15 동기기의 과도안정도를 증가시키는 방법이 아닌 것은?

① 단락비를 크게 한다.
② 속응 여자 방식을 채용한다.
③ 회전부의 관성을 작게 한다.
④ 역상 및 영상임피던스를 크게 한다.

해설 | 안정도 향상 대책
- 관성 모멘트를 크게 할 것
- 회전부의 관성을 크게 할 것
- 단락비를 크게 할 것
- 역상 및 영상임피던스를 크게 한다.
- 속응 여자 방식을 채용 할 것
- 플라이휠 효과를 크게 할 것
- 조속기 동작을 신속하게 할 것

16 단상 반발 유도전동기에 대한 설명으로 옳은 것은?

① 역률은 반발기동형보다 나쁘다.
② 기동 토크는 반발기동형보다 크다.
③ 전부하 효율은 반발기동형보다 좋다.
④ 속도의 변화는 반발기동형보다 크다.

해설 | 단상 반발유도형 전동기
- 최대 토크는 반발기동형보다 크다.
- 기동 토크는 반발기동형보다 작다.
- 역률 및 효율이 반발기동형보다 우수하다.
- 부하 변동에 대한 속도 변화가 크다

17 2중 농형 유도전동기가 보통 농형 유도전동기에 비해서 다른 점은 무엇인가?

① 기동전류가 크고, 기동 토크도 크다.
② 기동전류가 적고, 기동 토크도 적다.
③ 기동전류는 적고, 기동 토크는 크다.
④ 기동전류는 크고, 기동 토크는 적다.

해설 | 특수농형 유도전동기
　　　(디프 슬롯형, 2중농형)
기동전류는 과전류의 위험성 때문에 작아야하고, 기동 토크는 커야한다.

18 직류전동기의 공급전압을 $V[V]$, 자속을 $\phi[Wb]$, 전기자 전류를 $I_a[A]$, 전기자저항을 $R_a[\Omega]$, 속도를 $N[rpm]$이라 할 때 속도의 관계식은 어떻게 되는가? (단, k는 상수이다)

① $N = k\dfrac{V+I_aR_a}{\phi}$　② $N = k\dfrac{V-I_aR_a}{\phi}$
③ $N = k\dfrac{\phi}{V+I_aR_a}$　④ $N = k\dfrac{\phi}{V-I_aR_a}$

해설 | 직류전동기의 속도
$N = k'\dfrac{V-I_aR_a}{\phi}$ [rpm]

19 유입식 변압기에 콘서베이터(Conservator)를 설치하는 목적으로 옳은 것은?

① 충격 방지　② 열화 방지
③ 통풍 장치　④ 코로나 방지

해설 | 콘서베이터
개방형 콘서베이터는 열화 방지에 가장 좋은 대책이다.

20 3상 반파정류회로에서 직류전압의 파형은 전원전압 주파수의 몇 배의 교류분을 포함하는가?

① 1　② 2
③ 3　④ 6

해설 | 맥동률과 맥동주파수

정류 종류	단상 반파	단상 전파	3상 반파	3상 전파
맥동률 [%]	121.1	48.4	17.7	4.04
정류효율 [%]	40.5	81.	96.7	99.8
맥동 주파수	f	$2f$	$3f$	$6f$

정답　17 ③　18 ②　19 ②　20 ③

2017년 1회

01 450 [kVA], 역률 0.85, 효율 0.9인 동기 발전기의 운전용 원동기의 입력은 500 [kW]이다. 이 원동기의 효율은?

① 0.75   ② 0.80
③ 0.85   ④ 0.90

해설 | 원동기의 효율

- 원동기의 효율 = $\dfrac{\text{원동기의 출력}}{\text{원동기의 입력}}$
- 원동기출력 = 발전기의 2차 입력(P_2)
- 2차 효율(η_2) = $\dfrac{2\text{차 출력}(P_o)}{2\text{차 입력}(P_2)}$

$P_2 = \dfrac{P_o}{\eta_2} = \dfrac{450 \times 0.85}{0.9} = 425\,[\text{kW}]$

∴ 원동기의 효율 $\eta_1 = \dfrac{P_2}{P_1} = \dfrac{425}{500} = 0.85$

02 다음 중 일반적인 동기전동기 난조 방지에 가장 유효한 방법은?

① 자극수를 적게 한다.
② 회전자의 관성을 크게 한다.
③ 자극 면에 제동권선을 설치한다.
④ 동기리액턴스 X를 작게 하고 동기화력을 크게 한다.

해설 | 제동권선
- 주목적 : 난조 방지
- 전동기에서는 기동권선으로 사용 가능

03 일반적인 농형 유도전동기에 관한 설명 중 틀린 것은?

① 2차 측을 개방할 수 없다.
② 2차 측의 전압을 측정할 수 있다.
③ 2차 저항제어법으로 속도를 제어할 수 없다.
④ 1차 3선 중 2선을 바꾸면 회전 방향을 바꿀 수 있다.

해설 | 농형 유도전동기
농형 유도전동기의 회전자는 단락 상태이므로 전압을 측정할 수 없다.

04 sE_2는 권선형 유도전동기의 2차 유기전압이고 E_c는 외부에서 2차 회로에 가하는 2차 주파수와 같은 주파수의 전압이다. E_c가 sE_2와 반대 위상일 경우 E_c를 크게 하면 속도는 어떻게 되는가? (단, $sE_2 - E_c$는 일정하다)

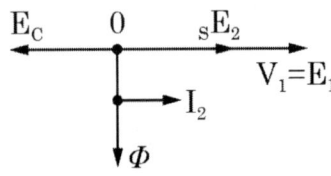

① 속도가 증가한다.
② 속도가 감소한다.
③ 속도에 관계없다.
④ 난조 현상이 발생한다.

정답 01 ③   02 ③   03 ②   04 ②

해설 | 2차 여자법 $I_2 = \dfrac{sE_2 \pm E_c}{\sqrt{r_2^2 + sx_2^2}}$

• $+E_c$인 경우 2차 전류 증가 ⇒ 속도 증가
• $-E_c$인 경우 2차 전류 감소 ⇒ 속도 감소

05 3상 유도전동기의 전원주파수와 전압의 비가 일정하고 정격속도 이하로 속도를 제어하는 경우 전동기의 출력 P와 주파수 f와의 관계는?

① P ∝ f
② P ∝ 1/f
③ P ∝ f2
④ P는 f에 무관

해설 | 전동기의 출력

토크 $\tau = 0.975\dfrac{P_o}{N}$, $N = 0.975\dfrac{P_o}{\tau}$

$N = (1-s)\dfrac{120f}{p}$ 이므로

$(1-s)\dfrac{120f}{p} = 0.975\dfrac{P_o}{\tau}$

∴ $P \propto f$

06 변압기의 철심이 갖추어야 할 조건으로 틀린 것은?

① 투자율이 클 것
② 전기저항이 작을 것
③ 성층철심으로 할 것
④ 히스테리시스손 계수가 작을 것

해설 | 변압기의 철심
철심은 전류가 1차에서 2차로 흐르는 것을 막기 위해 전기저항이 커야한다.

07 3상 유도전동기가 경부하로 운전 중 1선의 퓨즈가 끊어지면 어떻게 되는가?

① 전류가 증가하고 회전은 계속한다.
② 슬립은 감소하고 회전수는 증가한다.
③ 슬립은 증가하고 회전수는 증가한다.
④ 계속 운전하여도 열손실이 발생하지 않는다.

해설 | 게르게스 현상
• 3상 중 임의의 1상이 결상
• 슬립이 0.5 정도에서 회전
• 입력 증가, 출력 감소
• 전류가 증가하고 회전 속도는 낮아지지만 회전은 계속할 수 있다.

08 단상 반파정류회로에서 평균 출력전압은 전원전압의 약 몇 [%]인가?

① 45.0
② 66.7
③ 81.0
④ 86.7

해설 | 단상 정류회로
• 단상 반파정류회로
$E_d = \dfrac{\sqrt{2}}{\pi}E_a = 0.45E_a$

• 단상 전파정류회로
$E_d = \dfrac{2\sqrt{2}}{\pi}E_a = 0.9E_a$

정답 05 ① 06 ② 07 ① 08 ①

09 그림과 같이 전기자권선에 전류를 보낼 때 회전 방향을 알기 위한 법칙 및 회전 방향은?

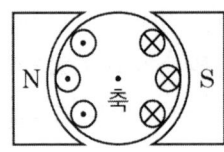

① 플레밍의 왼손법칙, 시계 방향
② 플레밍의 오른손법칙, 시계 방향
③ 플레밍의 왼손법칙, 반시계 방향
④ 플레밍의 오른손법칙, 반시계 방향

해설 | 플레밍의 왼손법칙(전동기)
• 엄지 : 도체 운동방향
• 검지 : 자장의 방향
• 중지 : 전류의 방향
• 왼쪽은 위로 힘을 받고 오른쪽은 아래로 힘을 받으므로 시계 방향으로 회전한다.

10 1차 측 권수가 1500인 변압기의 2차 측에 접속한 저항 16[Ω]을 1차 측으로 환산했을 때 8[kΩ]으로 되어 있다면 2차 측 권수는 약 얼마인가?

① 75   ② 70
③ 67   ④ 64

해설 | 변압기의 권수비

• $a = \dfrac{E_1}{E_2} = \dfrac{I_2}{I_1} = \dfrac{N_1}{N_2} = \sqrt{\dfrac{R_1}{R_2}}$

∴ $N_2 = \sqrt{\dfrac{R_2}{R_1}} \times N_1$
$= \sqrt{\dfrac{16}{8000}} \times 1500 = 67$

11 출력과 속도가 일정하게 유지되는 동기전동기에서 여자를 증가시키면 어떻게 되는가?

① 토크가 증가한다.
② 난조가 발생하기 쉽다.
③ 유기기전력이 감소한다.
④ 전기자전류의 위상이 앞선다.

해설 | 동기전동기의 위상특성곡선(V곡선)

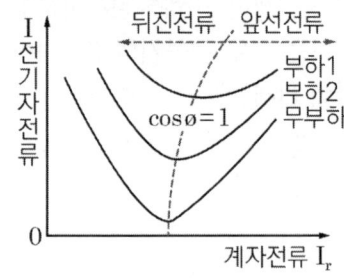

• 계자전류(여자전류) 증가 : 진상
• 계자전류(여자전류) 감소 : 지상

12 다음 전자석의 그림 중에서 전류의 방향이 화살표와 같을 때 위쪽 부분이 N극인 것은?

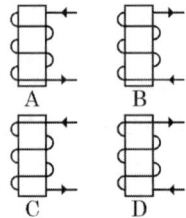

① A, B   ② B, C
③ A, D   ④ B, D

해설 | 앙페르의 오른나사 법칙
전류방향에 대한 자계의 방향을 나타내는 법칙
• A, D : 위쪽 부분이 N극
• B, C : 아랫부분이 N극

13 동기발전기의 전기자권선법 중 집중권에 비해 분포권이 갖는 장점은?

① 난조를 방지할 수 있다.
② 기전력의 파형이 좋아진다.
③ 권선의 리액턴스가 커진다.
④ 합성 유도기전력이 높아진다.

해설 | 분포권
- 고차 고조파 억제에 의한 파형을 개선
- 누설리액턴스가 작다.
- 누설자속이 작다.
- 단점 : 집중권에 비하여 기전력이 작다.

14 와류손이 50 [W]인 3300/110 [V], 60 [Hz]용 단상 변압기를 50 [Hz], 3000 [V]의 전원에 사용하면 이 변압기의 와류손은 약 몇 [W]로 되는가?

① 25
② 31
③ 36
④ 41

해설 | 변압기의 와류손 $P_e \propto V^2$
전압이 3300 [V]에서 3000 [V]로 감소
$P_e' = \left(\dfrac{3000}{3300}\right)^2 \times 50 = 41 \,[\text{W}]$

15 2대의 동기발전기를 병렬운전할 때, 무효 횡류(무효순환전류)가 흐르는 경우는?

① 부하 분담의 차가 있을 때
② 기전력의 위상차가 있을 때
③ 기전력의 파형에 차가 있을 때
④ 기전력의 크기에 차가 있을 때

해설 | 무효순환전류
- 발전기 기전력의 크기가 다를 경우 발생
- 무효순환전류 $I_c = \dfrac{E_1 - E_2}{2Z_s}\,[\text{A}]$

16 포화하고 있지 않은 직류발전기의 회전수가 1/2로 감소되었을 때 기전력을 속도 변화 전과 같은 값으로 하려면 여자를 어떻게 해야 하는가?

① 1/2배로 감소시킨다.
② 1배로 증가시킨다.
③ 2배로 증가시킨다.
④ 4배로 증가시킨다.

해설 | 직류발전기의 유기기전력
$E = \dfrac{PZ\phi N}{60a} = K\phi N\,[\text{V}], \quad \phi \propto \dfrac{1}{N}$

정답 13 ② 14 ④ 15 ④ 16 ③

17 교류전동기에서 브러시 이동으로 속도 변화가 용이한 전동기는?

① 동기전동기
② 시라게전동기
③ 3상 농형 유도전동기
④ 2중 농형 유도전동기

해설 | 3상 분권전동기(시라게전기)
브러시의 간격을 바꿈으로써 속도제어를 원활하게 할 수 있으므로 정방기, 제지기 등에 사용

18 단상 유도 전압조정기의 1차 전압 100 [V], 2차 전압 100 ± 30 [V], 2차 전류는 50 [A]이다. 이 전압조정기의 정격 용량은 약 몇 [kVA]인가?

① 1.5 ② 2.6
③ 5   ④ 6.5

해설 | 유도전압 조정기
• 전압 조정 범위
  $V_2 = (V_1 + E_2 \cos\alpha)[V]$
• 조정 용량 $P = E_2 I_2 \times 10^{-3} [\text{kVA}]$
• $P = 30 \times 50 \times 10^{-3} = 1.5 [\text{kVA}]$

19 변압기의 병렬운전 조건에 해당하지 않는 것은?

① 각 변압기의 극성이 같을 것
② 각 변압기의 정격 출력이 같을 것
③ 각 변압기의 백분율 임피던스강하가 같을 것
④ 각 변압기의 권수비가 같고 1차 및 2차의 정격전압이 같을 것

해설 | 변압기의 병렬운전 조건
• 극성이 일치할 것
• 권수비, 1,2차 정격전압이 같을 것
• %임피던스강하가 같고, 저항/리액턴스의 비가 같을 것
• 각 변위가 일치할 것(3상 시)
• 용량과 출력은 같지 않아도 됨

20 4극 단중 파권 직류발전기의 전전류가 I [A]일 때, 전기자권선의 각 병렬회로에 흐르는 전류는 몇 [A]가 되는가?

① 4I   ② 2I
③ I/2   ④ I/4

해설 | 직류기의 권선법 특징
파권이므로 병렬회로 수는 항상 2
전기자에서 외부로 흐르는 전류
$i_a = \dfrac{I}{a} = \dfrac{I}{2} [A]$

정답 17 ② 18 ① 19 ② 20 ③

2017년 2회

01 직류기에서 전기자반작용의 영향을 설명한 것으로 틀린 것은?

① 주자극의 자속이 감소한다.
② 정류자편 사이의 전압이 불균일하게 된다.
③ 국부적으로 전압이 높아져 섬락을 일으킨다.
④ 전기적 중성점이 전동기인 경우 회전 방향으로 이동한다.

해설 | 편자작용에 의한 중성축 이동
발전기(회전 방향), 전동기(회전 반대 방향)

02 6300/210 [V], 20 [kVA] 단상 변압기 1차 저항과 리액턴스가 각각 15.2 [Ω]과 21.6 [Ω], 2차 저항과 리액턴스가 각각 0.019 [Ω]과 0.028 [Ω]이다. 백분율 임피던스는 약 몇 [%]인가?

① 1.86   ② 2.86
③ 3.86   ④ 4.86

해설 | %임피던스

$\%Z = \dfrac{I_{1n} Z_{12}}{V_{1n}} \times 100$ 에서

$I_{1n} = \dfrac{P}{V_{1n}} = \dfrac{20000}{6300} = 3.175$

권수비 $a = \dfrac{6300}{210} = 30$

$Z_{12} = \sqrt{(r_1 + a^2 r_2)^2 + (x_1 + a^2 x_2)^2}$
$= \sqrt{(15.2 + 30^2 \times 0.019)^2 + (21.6 + 30^2 \times 0.028)^2}$
$= 56.85$

· $\%Z = \dfrac{3.175 \times 56.85}{6,300} \times 100$
$= 2.865 \,[\%]$

03 권선형 유도전동기의 속도제어 방법 중 저항제어법의 특징으로 옳은 것은?

① 효율이 높고 역률이 좋다.
② 부하에 대한 속도 변동률이 작다.
③ 구조가 간단하고 제어 조작이 편리하다.
④ 전부하로 장시간 운전하여도 온도에 영향이 적다.

해설 | 2차 저항제어법
비례추이 원리를 이용한 제어로 구조가 간단하고, 제어 조작이 용이하며, 수리 및 보수 유지가 간편하다.

04 직류 분권전동기의 공급 전압이 극성을 반대로 하면 회전 방향은 어떻게 되는가?

① 반대로 된다.   ② 변하지 않는다.
③ 발전기로 된다. ④ 회전하지 않는다.

해설 | 직류분권전동기의 역회전
전기자회로와 계자회로의 극성이 둘 다 바뀌므로 회전 방향은 바뀌지 않는다.

정답 01 ④ 02 ② 03 ③ 04 ②

05 단상 50 [Hz], 전파정류회로에서 변압기의 2차 상전압 100 [V], 수은 정류기의 전압강하 20 [V]에서 회로 중의 인덕턴스는 무시한다. 외부 부하로서 기전력 50 [V], 내부저항 0.3 [Ω]의 축전지를 연결할 때 평균 출력은 약 몇 [W]인가?

① 4556　　② 4667
③ 4778　　④ 4889

해설 | 교류전파 정류회로
- 출력전압은
$$E_d = \frac{2\sqrt{2}}{\pi}E_a - e = 0.9 E_a - e$$
$$= 0.9 \times 100 - 20 = 70 \text{ [V]}$$
- 평균부하전류는
$$I_d = \frac{E_d - E}{r} = \frac{70 - 50}{0.3} = 66.67 \text{ [A]}$$
- 따라서 평균출력은
$$P = VI = 70 \times 66.67 = 4667 \text{ [W]}$$

06 3상 동기발전기의 여자전류 5 [A]에 대한 1상의 유기기전력이 600 [V]이고 그 3상 단락전류는 30 [A]이다. 이 발전기의 동기 임피던스[Ω]는?

① 10　　② 20
③ 30　　④ 40

해설 | 동기임피던스
단락전류 $I_s = \dfrac{E}{Z_s}$
$$Z_s = \frac{E}{I_s} = \frac{600}{30} = 20 \text{ [Ω]}$$

07 동기발전기의 전기자권선을 단절권으로 하는 가장 큰 이유는?

① 과열을 방지
② 기전력 증가
③ 기본파를 제거
④ 고조파를 제거해서 기전력 파형 개선

해설 | 단절권
- 고조파를 제거하여 파형 개선
- 동량(권선량) 절약

08 권선형 유도전동기가 기동하면서 동기 속도 이하까지 회전 속도가 증가하면 회전자의 전압은?

① 증가한다.　　② 감소한다.
③ 변함없다.　　④ 0이 된다.

해설 | 회전 시 2차 기전력 (E_2')
- $E_2' = sE_2$
- $s = \dfrac{N_s - N}{N_s} = 1 - \dfrac{N}{N_s}$
- 회전자 속도가 증가하면 슬립이 감소하게 되며, 슬립이 감소하면 회전자의 기전력도 감소하게 된다.

09 3상 직권 정류자전동기의 중간변압기의 사용 목적은?

① 역회전의 방지
② 역회전을 위하여
③ 전동기의 특성을 조정
④ 직권 특성을 얻기 위하여

해설 | 중간변압기 사용 목적
(3상 직권 정류자전동기)
- 전원전압의 크기에 관계없이 정류자전압 조정
- 중간변압기의 권수비를 조정하여 전동기 특성 조정
- 경부하 시 직권특성에 따른 속도 상승 억제

10 전기자지름 0.2 [m]의 직류발전기가 1.5 [kW]의 출력에서 1800 [rpm]으로 회전하고 있을 때 전기자 주변속도는 약 몇 [m/s]인가?

① 18.84　② 21.96
③ 32.74　④ 42.85

해설 | 전기자의 주변속도

$v = \pi D \dfrac{N}{60}$ [m/s]

$v = \pi \times 0.2 \times \dfrac{1800}{60} = 18.84$ [m/s]

11 2방향성 3단자 사이리스터는?

① SCR　② SSS
③ SCS　④ TRIAC

해설 | 반도체 소자

구분	단방향성	양방향성
2단자	Diode	SSS, DIAC
3단자	SCR / GTO / LA SCR	TRIAC
4단자	SCS	-

12 동기전동기의 특징으로 틀린 것은?

① 속도가 일정하다.
② 역률을 조정할 수 없다.
③ 직류전원을 필요로 한다.
④ 난조를 일으킬 염려가 있다.

해설 | 동기전동기의 특징
동기전동기는 역률을 조정하여 1로 운전할 수 있다.

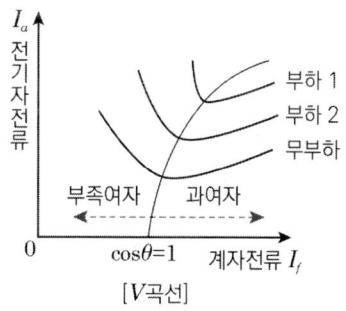

[V곡선]

13 정격 주파수 50 [Hz]의 변압기를 일정 전압 60 [Hz]의 전원에 접속하여 사용했을 때 여자전류, 철손 및 리액턴스강하는?

① 여자전류와 철손은 5/6 감소, 리액턴스강하 6/5 증가
② 여자전류와 철손은 5/6 감소, 리액턴스강하 5/6 감소
③ 여자전류와 철손은 6/5 증가, 리액턴스강하 6/5 증가
④ 여자전류와 철손은 6/5 증가, 리액턴스강하 5/6 감소

해설 | 주파수 증가 (전압 일정) 시
- 여자전류 $\left(I_0 = \dfrac{V_1}{\omega L} = \dfrac{V_1}{2\pi f L}\right)$는 반비례
- 철손 $\left(\propto \dfrac{1}{f}\right)$은 비례
- 리액턴스강하 $(X_L = 2\pi f L)$는 비례

14 어떤 주상 변압기가 4/5부하일 때 최대 효율이 된다. 전부하에 있어서의 철손과 동손의 비 $\dfrac{P_c}{P_i}$는 약 얼마인가?

① 0.64   ② 1.56
③ 1.64   ④ 2.56

해설 | 철손과 동손의 비
- 최대 효율일 때의 부분부하

$\dfrac{1}{m} = \sqrt{\dfrac{P_i}{P_c}} = \dfrac{4}{5}$

$\therefore \dfrac{P_c}{P_i} = \left(\dfrac{5}{4}\right)^2 = \dfrac{25}{16} = 1.56$

15 직류기의 손실 중 기계손에 속하는 것은?

① 풍손
② 와전류손
③ 히스테리시스손
④ 브러시의 전기손

해설 | 직류기 손실

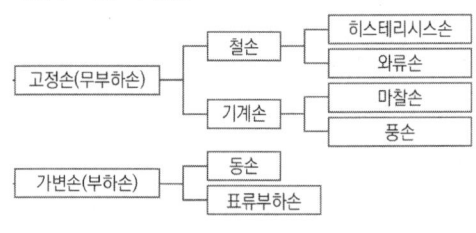

16 직류기에서 양호한 정류를 얻는 조건으로 틀린 것은?

① 정류 주기를 크게 한다.
② 브러시의 접촉저항을 크게 한다.
③ 전기자권선의 인덕턴스를 작게 한다.
④ 평균 리액턴스전압을 브러시 접촉면 전압강하보다 크게 한다.

해설 | 정류 개선 대책
- 평균리액턴스전압을 작게 할 것
- 자기인덕턴스 L을 작게 할 것
- 정류 주기를 크게 할 것
- 브러쉬의 접촉저항을 크게 할 것
- 보극을 설치한다.

17 동기전동기의 제동권선은 다음 어느 것과 같은가?

① 직류기의 전기자
② 유도기의 농형 회전자
③ 동기기의 원통형 회전자
④ 동기기의 유도자형 회전자

해설 | 제동권선
회전 자극표면에 설치한 유도전동기의 농형권선과 같다.

18 권선형 3상 유도전동기의 2차 회로는 Y로 접속되고 2차 각 상의 저항은 0.3 [Ω]이며 1차, 2차 리액턴스의 합은 1.5 [Ω]이다. 기동 시에 최대 토크를 발생하기 위해서 삽입하여야 할 저항 [Ω]은? (단, 1차 각 상의 저항은 무시한다)

① 1.2   ② 1.5
③ 2   ④ 2.2

해설 | 비례추이
최대 토크 발생을 위한 삽입저항
$R = \sqrt{r_1 + (x_1 + x_2)^2} - r_2$에서
$r_1 = 0$이므로
∴ $R = 1.5 - 0.3 = 1.2$

19 3상 유도전압조정기의 특징이 아닌 것은?

① 분로권선에 회전자계가 발생한다.
② 입력전압과 출력전압의 위상이 같다.
③ 두 권선은 2극 또는 4극으로 감는다.
④ 1차 권선은 회전자에 감고 2차 권선은 고정자에 감는다.

해설 | 유도전압조정기
(1) 단상 유도전압 조정기
 • 교번자계 이용
 • 입·출력전압 사이에 위상차 없다.
 • 단락권선 필요
 • 누설리액턴스에 의한 전압강하 방지
(2) 3상 유도전압 조정기
 • 회전자계 이용
 • 입·출력전압 사이에 위상차 있다.
 • 단락권선 불필요

20 변압기의 부하가 증가할 때의 현상으로서 틀린 것은?

① 동손이 증가한다.
② 온도가 상승한다.
③ 철손이 증가한다.
④ 여자전류는 변함없다.

해설 | 변압기의 손실
철손은 무부하손이라 부하와는 무관하다.

2017년 3회

01 3상 전원의 수전단에서 전압 3300 [V], 전류 1000 [A], 뒤진 역률 0.8의 전력을 받고 있을 때 동기 조상기로 역률을 개선하여 1로 하고자 한다. 필요한 동기조상기의 용량은 약 몇 [kVA]인가?

① 1525　② 1950
③ 3150　④ 3429

해설 | 조상기의 용량
$Q = P(\tan\theta_1 - \tan\theta_2)$
개선 후 역률이 1이므로 역률각 $\theta_2 = 0$
$\therefore Q = \sqrt{3}\,VI\cos\theta_1(\tan\theta_1)$
$= \sqrt{3}\,VI\cos\theta_1\left(\dfrac{\sin\theta_1}{\cos\theta_1}\right)$
$= \sqrt{3}\,VI\sin\theta_1$
$= \sqrt{3}\times 3300 \times 1,000 \times 0.6$
$= 3429460\ [\text{VA}]$
$= 3429\ [\text{kVA}]$

02 기동장치를 갖는 단상 유도전동기가 아닌 것은?

① 2중 농형　② 분상기동형
③ 반발기동형　④ 셰이딩코일형

해설 | 단상 유도전동기
- 2중 농형은 기동권선과 운전권선으로 나뉘어져 있어, 기동장치가 필요없다.
- 분상기동형, 반발기동형, 셰이딩코일형 같은 단상 유도전동기는 기동장치가 필요

03 일반적인 직류전동기의 정격 표시 용어로 틀린 것은?

① 연속정격　② 순시정격
③ 반복정격　④ 단시간정격

해설 | 직류전동기의 정격
- 연속정격
- 반복정격
- 단시간정격

04 직류전동기의 속도제어 방법 중 광범위한 속도제어가 가능하며 운전 효율이 높은 방법은?

① 계자제어　② 전압제어
③ 직렬저항제어　④ 병렬저항제어

해설 | 속도제어법
- 저항제어법 : 구조가 간단하고, 제어조작이 용이하며, 수리 및 보수 유지가 간편
- 전압제어법 : 미세한 조정이 가능하고, 광범위한 조정이 가능하며, 제어 효율이 우수

정답　01 ④　02 ①　03 ②　04 ②

05 트라이액(Triac)에 대한 설명으로 틀린 것은?

① 쌍방향성 3단자 사이리스터이다.
② 턴오프 시간이 SCR보다 짧으며 급격한 전압변동에 강하다.
③ SCR 2개를 서로 반대 방향으로 병렬 연결하여 양방향 전류제어가 가능하다.
④ 게이트에 전류를 흘리면 어느 방향이든 전압이 높은 쪽에서 낮은 쪽으로 도통한다.

해설 | TRIAC (트라이액)
- 양방향성 3단자 사이리스터
- SCR을 역병렬로 2개 접속한 것과 같다.
- 게이트에 전류를 흘리면 높은 전압 쪽에서 낮은 전압 쪽으로 전류가 흐른다.
- 역방향전류가 흐르면 차단된다. 다시 점호될 때까지 차단 상태를 유지하게 된다.

06 탭전환변압기 1차 측에 몇 개의 탭이 있는 이유는?

① 예비용 단자
② 부하전류를 조정하기 위하여
③ 수전점의 전압을 조정하기 위하여
④ 변압기의 여자전류를 조정하기 위하여

해설 | 탭전환변압기
- 부하증감에 따른 전압 변동을 최소화시키기 위해서 탭을 조정
- 1차 탭을 내리면 2차 전압은 높아진다.
- 1차 탭을 높이면 2차 전압은 낮아진다.

07 스테핑전동기의 스텝각이 3°이고, 스테핑 주파수(Pulse Rate)가 1200 [pps]이다. 이 스테핑전동기의 회전 속도[rps]는?

① 10   ② 12
③ 14   ④ 16

해설 | 스테핑(스텝)전동기
- 1초당 스텝각은
  $3° \times 1200\,[pps] = 3600°$
- 동기 속도일 때 1회전은 360° 회전 스테핑전동기의 회전 속도는
  $\dfrac{3600}{360} = 10\,[rps]$

08 직류기의 전기자반작용의 영향이 아닌 것은?

① 주자속이 증가한다.
② 전기적 중성축이 이동한다.
③ 정류작용에 악영향을 준다.
④ 정류자 편간전압이 상승한다.

해설 | 직류기의 전기자반작용
- 감자작용에 의한 주자속 감소
- 편자작용에 의한 중성축 이동
- 정류에 악영향을 준다.
- 정류자 편간전압이 상승한다.

09 유도전동기 역상제동의 상태를 크레인이나 권상기의 강하 시에 이용하고 속도 제한의 목적에 사용되는 경우의 제동 방법은?

① 발전제동   ② 유도제동
③ 회생제동   ④ 단상제동

해설 | 유도제동
유도전동기 역상제동의 상태를 크레인이나 권상기의 강하 시에 이용하고 속도 제한의 목적에 사용되는 경우의 제동 방법

10 단락비가 큰 동기기의 특징 중 옳은 것은?

① 전압 변동률이 크다.
② 과부하 내량이 크다.
③ 전기자반작용이 크다.
④ 송전선로의 충전 용량이 작다.

해설 | 단락비가 큰 기계의 특징
- 안정도가 높다.
- 동기 임피던스가 작다.
- 전기자반작용이 작다.
- 전압 변동률이 낮다.
- 중량이 크다.
- 과부하 내량이 증가(= 가격 상승)
- 공극이 크다.

11 전류가 불연속인 경우 전원전압 220 [V]인 단상 전파정류회로에서 점호각 $\alpha = 90°$일 때의 직류 평균전압은 약 몇 [V]인가?

① 45
② 84
③ 90
④ 99

해설 | 단상전파 정류회로
부하전류가 불연속인 경우
$$E_d = 0.9E\left(\frac{1+\cos\alpha}{2}\right)$$
$$= 0.45E(1+\cos\alpha)$$
$$= 0.45 \times 220(1+\cos 90°) = 99\,[V]$$

12 변압기의 냉각 방식 중 유입자냉식의 표시 기호는?

① ANAN
② ONAN
③ ONAF
④ OFAF

해설 | 냉각 방식의 분류

냉각 방식		약호
건식	건식자냉식	AN
	건식풍냉식	AF
	건식밀폐자냉식	ANAN
유입식	유입자냉식	ONAN
	유입풍냉식	ONAF
	유입수냉식	ONWF
	송유자냉식	OFAN
	송유풍냉식	OFAF
	송유수냉식	OFWF

TIP O : Oil, A : Air, N : Natural, F : Forced, W : Water

13 타여자 직류전동기의 속도제어에 사용되는 워드레오나드(Ward Leonard) 방식은 다음 중 어느 제어법을 이용한 것인가?

① 저항제어법
② 전압제어법
③ 주파수제어법
④ 직병렬제어법

해설 | 직류전동기의 속도제어
① 전압제어(정토크제어)
- 워드레오너드 방식
- 정지형레오너드 방식
- 일그너 방식
- 직병렬 방식
② 계자제어(정출력제어)
③ 저항제어

정답 10 ② 11 ④ 12 ② 13 ②

14 단상 변압기 2대를 사용하여 3150 [V]의 평형 3상에서 210 [V]의 평형 2상으로 변환하는 경우에 각 변압기의 1차 전압과 2차 전압은 얼마인가?

① 주좌변압기 : 1차 3150 [V], 2차 210 [V]
　T좌변압기 : 1차 3150 [V], 2차 210 [V]

② 주좌변압기 : 1차 3150 [V], 2차 210 [V]
　T좌변압기 : 1차 $3150\frac{\sqrt{3}}{2}$ [V], 2차 210 [V]

③ 주좌변압기 : 1차 $3150\frac{\sqrt{3}}{2}$ [V], 2차 210 [V]
　T좌변압기 : 1차 $\frac{\sqrt{3}}{2}$ [V], 2차 210 [V]

④ 주좌변압기 : 1차 $3150\frac{\sqrt{3}}{2}$ [V], 2차 210 [V]
　T좌변압기 : 1차 3150 [V], 2차 210 [V]

해설 | T좌변압기 권수비

$a_T = a \times \frac{\sqrt{3}}{2}$

• 주좌변압기 1, 2차 전압
　1차 : $3150\,[V]$, 2차 : $210\,[V]$
• T좌변압기 1, 2차 전압
　1차 : $3150 \times \frac{\sqrt{3}}{2}\,[V]$, 2차 : $210\,[V]$

15 3상 유도전동기의 속도제어법 중 2차 저항제어와 관계가 없는 것은?

① 농형 유도전동기에 이용된다.
② 토크 속도 특성의 비례추이를 응용한 것이다.
③ 2차 저항이 커져 효율이 낮아지는 단점이 있다.
④ 조작이 간단하고 속도제어를 광범위하게 행할 수 있다.

해설 | 비례추이
• 3상 권선형 유도전동기
• 외부에서 저항을 증가
• 비례하여 슬립 증가
• 최대 토크 항상 일정
• $\frac{r_2}{s} = \frac{r_2 + R}{s'}$

16 직류발전기의 무부하 특성곡선은 다음 중 어느 관계를 표시한 것인가?

① 계자전류 - 부하전류
② 단자전압 - 계자전류
③ 단자전압 - 회전 속도
④ 부하전류 - 단자전압

해설 | 직류발전기의 특성곡선
• 무부하 포화특성곡선 : $V(E) - I_f$
　계자 전류와 단자전압(유기기전력)
• 부하특성곡선 : $V - I_f$
　계자전류와 단자전압
• 외부특성곡선 : $V - I$
　부하전류와 단자전압
• 내부특성곡선 : $E - I$
　부하전류와 유기기전력

정답　14 ②　15 ①　16 ②

17 용량이 50 [kVA] 변압기의 철손이 1 [kW]이고 전부하동손이 2 [kW]이다. 이 변압기를 최대 효율에서 사용하려면 부하를 약 몇 [kVA] 인가하여야 하는가?

① 25 ② 35
③ 50 ④ 71

해설 | 변압기의 최대 효율

$$\frac{1}{m} = \sqrt{\frac{P_i}{P_c}}$$

$$\frac{1}{m} = \sqrt{\frac{P_i}{P_c}} = \sqrt{\frac{1}{2}} = 0.707$$

• $50 \times 0.707 = 35 \,[\text{kVA}]$

18 농형 유도전동기기동법에 대한 설명 중 틀린 것은?

① 전전압기동법은 일반적으로 소용량에 적용된다.
② Y - △기동법은 기동전압이 $\frac{1}{\sqrt{3}}$로 감소한다.
③ 리액터기동법은 기동 후 스위치로 리액터를 단락한다.
④ 기동보상기법은 최종 속도 도달 후에도 기동보상기가 계속 필요하다.

해설 | 기동보상기법
기동 시에는 감압 탭을 사용하여 기동 전압을 감소하여 기동하고 기동 후에는 전전압을 인가하고 기동보상기는 회로에서 끊긴다.

19 3상 반작용전동기(Reaction Motor)의 특성으로 가장 옳은 것은?

① 역률이 좋은 전동기
② 토크가 비교적 큰 전동기
③ 기동용 전동기가 필요한 전동기
④ 여자권선 없이 동기 속도로 회전하는 전동기

해설 | 반작용전동기
• 여자권선 없이 자극만 존재하는 일종의 동기전동기
• 출력이 작고, 역률이 낮다.
• 직류전원이 불필요하다.
• 구조가 간단하다.
• 시계나 각종 측정장치에 주로 사용

20 2대의 3상 동기발전기를 동일한 부하로 병렬운전하고 있을 때 대응하는 기전력 사이에 60°의 위상차가 있다면 한 쪽 발전기에서 다른 쪽 발전기에 공급되는 1상당 전력은 약 몇 [kW]인가? (단, 각 발전기의 기전력(선간)은 3300 [V], 동기리액턴스는 5 [Ω]이고 전기자저항은 무시한다)

① 181 ② 314
③ 363 ④ 720

해설 | 수수전력

$$P = \frac{E^2}{2Z_s} \sin\delta = \frac{\left(\frac{3300}{\sqrt{3}}\right)^2}{2 \times 5} \times \sin 60°$$
$$= 314367 \,[\text{W}]$$
$$\therefore P = 314 \,[\text{kW}]$$

[모아] 전기산업기사 전기기기 필기 이론+과년도 7개년

발행일	2024년 2월 1일 개정1판 1쇄
지은이	김영언
발행인	황모아
발행처	(주)모아교육그룹
주 소	서울특별시 영등포구 영신로 32길 29 세화빌딩 2층
전 화	02-2068-2852(출판), 010-3766-5656(주문)
팩 스	0504-337-0149(주문)
등 록	제2015-000006호 (2015.1.16.)
이메일	moate2068@hanmail.net
누리집	www.moate.co.kr
ISBN	979-11-6804-226-1

이 책의 가격은 뒤표지에 있습니다.

Copyright ⓒ (주)모아교육그룹 Co., Ltd. All Rights Reserved.

이 책은 저작권법에 의해 보호를 받는 저작물이므로 저자와 출판사의 서면 허락 없이
내용의 전부 또는 일부를 이용하는 것을 금합니다.

전기산업기사 합격!
여러분의 합격은 모아의 보람입니다.

끊임없이 변화를
추구하는 교육기업

모아를 선택해주신 여러분께 감사드립니다.

- ✔ 모아는 혁신적인 교육을 통해 인간의 사고(思考)를
  확장 및 변화시킬 수 있다고 믿고 있습니다.
- ✔ 모아는 미래를 교육으로 변화시킬 수 있다고 믿고 있습니다.
- ✔ 모아는 청년부터 장년, 중년, 노년까지의
  성인교육에 중점을 두고 사업을 진행하고 있습니다.

초고령화, 불확실성의 시대
모아는 당신의 미래를 함께 하는 혁신적인 교육 플랫폼이 되겠습니다.